彩图 1　山鸡蛋（一）

彩图 2　山鸡蛋（二）

彩图 3　中国山鸡

彩图 4　笼养山鸡

彩图 5　平养山鸡

彩图 6　天峨六画山鸡

彩图 7　左家山鸡

彩图 8　美国七彩山鸡

彩图 9　河北亚种山鸡

彩图 10　黑化山鸡

彩图 11　白化山鸡（公）

彩图 12　白化山鸡（母）

彩图 13　山鸡称重

彩图 14　山鸡育雏笼

彩图 15　山鸡免疫

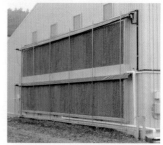

彩图 16　山鸡舍降温设备

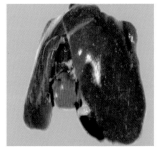

彩图 17　鸡白痢病导致的肝脏变化

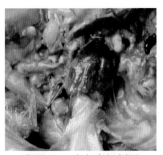

彩图 18　鸡白痢解剖图

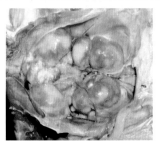

彩图 19　鸡马立克氏病

彩图 20　混合型鸡痘

彩图 21　患鸡痘病鸡的眼睛变化

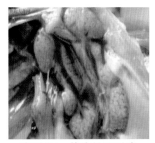

彩图 22　传染性法氏囊

彩图 23　禽霍乱

血便盲肠球虫

彩图 24　患球虫病鸡的粪便

彩图 25　患球虫病鸡的肠管

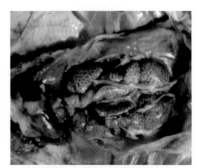
彩图 26　传染性支气管炎

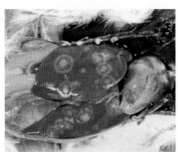
彩图 27　组织滴虫病（一）

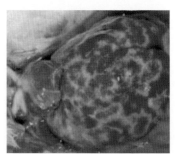
彩图 28　组织滴虫病（二）

彩图 29　山鸡饮水设备

彩图 30　山鸡喂料设备

高效养殖致富
直通车

高效养山鸡

主　编　吴　琼　陆雪林
副主编　宁浩然　袁红艳　宋　超
参　编　赵乐乐　荣　敏　徐佳萍
　　　　杨　颖　刘汇涛　涂剑锋

机械工业出版社

本书立足于山鸡养殖场和养殖户的需求和要求，讲解最实用可行的养殖技术。本书的主要内容包括绪论、山鸡的生物学特性、山鸡的主要品种、山鸡的繁育、山鸡的营养需要和日粮配制、山鸡的饲养管理、山鸡的疾病防治、山鸡养殖场的设计与建设、山鸡养殖场经营管理和山鸡产品的加工利用。文字通俗易懂，内容科学实用，配有"提示""注意"等小栏目，并附有山鸡高效养殖实例，可为农民致富和提升行业竞争力提供有力参考。

本书适合广大山鸡养殖户及相关技术人员使用，也可供农业院校相关专业的师生阅读参考。

图书在版编目（CIP）数据

高效养山鸡/吴琼，陆雪林主编．—北京：机械工业出版社，2017.5
（2020.2 重印）
（高效养殖致富直通车）
ISBN 978-7-111-56303-7

Ⅰ. ①高…　Ⅱ. ①吴… ②陆…　Ⅲ. ①野鸡 – 饲养管理　Ⅳ. ①S865.3

中国版本图书馆 CIP 数据核字（2017）第 050436 号

机械工业出版社（北京市百万庄大街22号　邮政编码100037）
总　策　划：李俊玲　张敬柱
策划编辑：高　伟　郎　峰　责任编辑：高　伟　郎　峰　陈　洁
责任校对：王　欣　　　　　　责任印制：张　博
三河市宏达印刷有限公司印刷
2020 年 2 月第 1 版第 2 次印刷
140mm×203mm · 7.375 印张 · 2 插页 · 192 千字
标准书号：ISBN 978-7-111-56303-7
定价：26.80元

凡购本书，如有缺页、倒页、脱页，由本社发行部调换
电话服务　　　　　　　　　　　网络服务
服务咨询热线：010-88361066　　机工官网：www.cmpbook.com
读者购书热线：010-68326294　　机工官博：weibo.com/cmp1952
　　　　　　　010-88379203　　金书网：www.golden-book.com
封面无防伪标均为盗版　　　　教育服务网：www.cmpedu.com

高效养殖致富直通车
编审委员会

序

　　改革开放以来，我国养殖业发展非常迅速，肉、蛋、奶、鱼等产品产量稳步增加，在提高人民生活水平方面发挥着越来越重要的作用。同时，从事各种养殖业也已成为农民脱贫致富的重要途径。近年来，我国经济的快速发展对养殖业提出了新要求，以市场为导向，从传统的养殖生产经营模式向现代高科技生产经营模式转变，安全、健康、优质、高效和环保已成为养殖业发展的既定方向。

　　针对我国养殖业发展的迫切需要，机械工业出版社坚持高起点、高质量、高标准的原则，组织全国20多家科研院所的理论水平高、实践经验丰富的专家学者、科研人员及一线技术人员编写了这套"高效养殖致富直通车"丛书，范围涵盖了畜牧、水产及特种经济动物的养殖技术和疾病防治技术等。

　　丛书应用了大量生产现场图片，形象直观，语言精练、简洁，深入浅出，重点突出，篇幅适中，并面向产业发展需求，密切联系生产实际，吸纳了最新科研成果，使读者能科学、快速地解决养殖过程中遇到的各种难题。丛书表现形式新颖，大部分图书采用双色印刷，设有"提示""注意"等小栏目，配有一些成功养殖的典型案例，突出实用性、可操作性和指导性。

　　丛书针对性强，性价比高，易学易用，是广大养殖户和相关技术人员、管理人员不可多得的好参谋、好帮手。

　　祝大家学用相长，读书愉快！

中国农业大学动物科技学院

前　言

我国是世界上养殖山鸡最早的国家，据史料考证，3600多年前的殷商甲骨文中就有相关的文字记载。现代山鸡养殖业的发展主要是在新中国成立后，遵照国务院"关于创办野生动物饲养业"的指示精神，于1956年开始的。我国从国外引进了许多珍贵禽类，但多数品种只是作为观赏禽类在动物园饲养。20世纪80年代是我国引进珍禽的黄金时期，真正大规模饲养和繁育珍禽自此开始。1978年，中国农业科学院特产研究所成功驯化了家养野生山鸡，并开始大规模人工繁殖推广，1986年从美国引进了七彩山鸡，1994年从美国引入了黑化山鸡、白化山鸡、特大型山鸡和浅黄色山鸡，1996年自主培育出了左家山鸡，大大地丰富了我国山鸡遗传资源，继此之后，我国山鸡养殖进入了产业化和商品化时代。

山鸡养殖作为特色饲养业的组成部分，大大丰富了肉食产品，而且山鸡肉质和家禽相比，高蛋白、低脂肪、低胆固醇，独具风味，并具有一定的药用价值，备受人们的喜爱和重视，其羽毛和毛皮可加工成工艺装饰品或作为轻工产品的原料。近年来，随着山鸡养殖业的兴起和发展，产品也不断打入国际市场，增加了饲养者经济收入，繁荣了区域经济。山鸡也是重要的狩猎对象之一，国外很早就有山鸡狩猎场。而我国随着人们生活水平的提高，也加大了对旅游狩猎业的投入。在不久的将来，山鸡旅游狩猎业将会有很大的发展。

本书是由主编在总结近年山鸡养殖实用技术的基础上，借鉴先进技术，与山鸡养殖单位的专家和技术人员共同编写而成的。全书共十章，包括绪论、山鸡的生物学特性、山鸡的主要品种、山鸡的繁育、山鸡的营养需要和日粮配制、山鸡的饲养管理、山鸡的疾病防治、山鸡养殖场的设计与建设、山鸡养殖场经营管理和山鸡产品的加工利用。本书适用性和可操作性强，文字简练易懂，不仅适合于山鸡养殖单位和养殖户使用，也适合于山鸡专业技术人员使用。希望本书的出版能切实提高我国山鸡养殖水平，解决山鸡产业发展中存在的实际问题。

在本书编写过程中，参考了较多的文献资料，在此向各位作者表示感谢。由于编者水平有限，书中的缺点和错误在所难免，恳请读者批评指正。

编　者

目 录

第七章　山鸡的疾病防治

第八章　山鸡养殖场的设计与建设

第九章　山鸡养殖场经营管理

第十章　山鸡产品的加工利用

附　录　山鸡高效养殖实例

参考文献

—第一章—

绪　论

第一节　我国山鸡的养殖现状

山鸡又称野鸡、雉鸡，学名环颈雉，在动物分类学上为鸟纲、鸡形目、雉科、雉属的一个种。我国对山鸡很早就有所认识，远在 3600 多年前殷商时代的甲骨文中就记载有"雉"字，这个"雉"字就是山鸡的古称。我国考定物类最早的书是《尔雅》，其中将雉类分为 14 个种，距今也有 2000 多年的历史。明朝李时珍的《本草纲目》将山鸡列为"原禽类"，对山鸡的药用价值曾做过记述。

20 世纪 60 年代，我国曾进行过山鸡人工驯养研究，但因为某些原因没有成功。1978 年，中国农业科学院特产研究所首先开始进行山鸡的人工驯养与繁殖等研究，于 1981 年获得成功，自此山鸡人工养殖技术在全国范围内进行了大规模的推广普及。在 20 世纪 80 年代初期，我国饲养的山鸡品种比较单一，主要是引进品种——中国环颈雉（美国七彩山鸡），部分为中国农业科学院特产研究所培育的第一个优良品种——左家山鸡（地产山鸡），少部分为野外捕获的山鸡。20 世纪 80 年代后期，中国农业科学院特产研究所从国外引进多个高产山鸡品种，包括特大型山鸡、

黑化山鸡、黄化山鸡等，促使我国山鸡养殖业迅速发展，特别是1992—1993年，山鸡饲养量达到高峰，全国当年存栏量突破600万只。1994—1995年，由于国内山鸡饲养业发展速度过快，造成供过于求，山鸡养殖业出现滑坡。1996年后，国内山鸡养殖业开始复苏，山鸡养殖业进入平稳安定的发展阶段。但是，2003年的"传染性非典型肺炎"及2004年春季的"禽流感"疫情在国内的蔓延，给山鸡养殖业带来不小的冲击。但是，广大山鸡养殖者没有被困难难倒，通过加强禽场的卫生防疫，饲养很快恢复了正常。

近几年，我国山鸡养殖业得到了飞速的发展。目前，我国所饲养山鸡的主要品种有：中国环颈雉（国内称为"美国七彩山鸡"）、天峨六画山鸡、左家山鸡、黑化山鸡、特大型山鸡、蒙古山鸡和白化山鸡等。其中，左家山鸡为我国培育的唯一山鸡品种，天峨六画山鸡为我国地方品种，其他品种的山鸡均从国外引进。目前，我国具有一定规模的山鸡养殖场就有220余家，主要分布在吉林、辽宁、河南、江苏、福建、广东、上海、安徽等地，年生产商品山鸡2000万只以上。国内山鸡产品的销售形式主要是活禽销售、全羽冷冻销售、冷冻白条山鸡销售，近年来鲜山鸡蛋（见彩图1、彩图2）的销量呈现增长的趋势；销售主要以宾馆饭店、部分个人家庭消费、节日馈赠亲友礼品等为主。20世纪90年代，我国山鸡出口较多，产品主要为白条山鸡和分割山鸡，出口至东欧、南亚等国家，以及日本和中国香港。21世纪初，山鸡产品出口量骤减，众多养殖户期待国家和各级政府提供政策的支持。目前，全国范围内山鸡肉的人均占有量是微乎其微的，还有很大的发展空间。

我国的山鸡养殖业虽然起步较晚，但发展却很快。经过20多年的实践，摸索出了适合我国从业者的技术成果。例如，在人工孵化方面摸索出不同养殖规模的孵化方法和孵化技术参数，孵化率达到国外先进水平；在营养、饲养上，提出了适合我国国情的营养需要量，既降低了饲料成本，又满足了山鸡生长发育的需要；在饲养技术上，总结出了一套适合我国饲养条件的饲养管理方法，比国外山鸡饲养方法更加细致科学；在繁殖育种上，找到了提高繁殖率的新模式，提高了山鸡的肉质品味；在疾病防治上，控制了新城疫、禽霍乱、禽结核的大面积流行，无高致病性禽流感的流行；在产品加工上，实现了分割肉冷冻、小包装食品等的新技术。山鸡养殖业伴随着国民生活水平的提高在畜牧业中会占有越来越重要的位置，但是就目前山鸡养殖业的现状，还必须开展大量的研究开发工作，要使其成为高产、优质、高效的产业，就要从以下3个方面入手。

（1）必须依靠科技，开发山鸡科学、高效的配套技术措施来提高养殖水平　采用先进的育种手段选育新品种，提高山鸡的生产性能，并且在育种工作中，要特别注意提高山鸡的肉质，利用现代育种手段保留山鸡作为野禽的特殊风味，适当提高其肉质嫩度。对于山鸡的营养代谢生理和饲料营养研究还要深入开展，在提高山鸡饲养效率的同时，生产出适应不同市场需求的产品。例如，日本消费者偏爱于脂肪为白色的山鸡分割肉，这就需要饲料中胡萝卜素和黄色素含量较低，而我国山鸡脂肪颜色较黄，主要原因是山鸡配合饲料中主要的谷物原料是玉米所导致的，致使1995年吉林省某山鸡养殖场出口到日本的山鸡肉在日本市场不受欢迎，进口商要求更换饲料配方，改变山鸡肉的脂肪颜色，然而，由于生产者没有及时应对，并按照标准合理改变饲料原料，导致1996年山鸡脂肪的颜色不符合出口标准，外方终止了以后的进口合同，从而极大地影响了我国山鸡肉的出口。

（2）加强山鸡产品深加工和市场开发　目前，我国山鸡产品种类较少，加工工艺粗放，制约了山鸡养殖业的发展。在20世纪90年代，我国的操作工人只能将1千克的山鸡屠体分割出300克的皮肉，产肉率为30%；然而，日本的山鸡屠宰场，从1千克的山鸡屠体上能分割出600克的皮肉，产肉率达到60%，由此可见，国内的山鸡加工技术还有待进一步提高。除此之外，国内市场注重批量销售，养殖者往往不进行产品开发，活体或冷冻山鸡出售仍是销售的主体；而在其他发达国家，养殖者直接参与山鸡

产品的开发，甚至在生产者的加工厂中已经将山鸡加工成肉片或熏肉。

（3）加强山鸡养殖宏观调控　建立山鸡养殖者的行业组织，统一规划和组织山鸡生产，避免生产的盲目性和投机炒作，使山鸡养殖业健康顺利发展。同时，由养殖业行业组织协调生产、防疫，健全肉品质量、兽药及饲料添加剂的规范管理，在保护生产者和消费者利益的同时，合理地保护资源和环境。

20 世纪 90 年代，我国山鸡经营规模多为小而分散的农户式，缺乏龙头企业，产品组织销售和深加工受到一定限制，近几年随着人们生活水平的提高，追求野味珍禽的群体越来越多，致使山鸡产业发展较快，也向工业化、集约化方式发展，目前我国大型山鸡养殖企业主要集中于上海、广州和安徽等地，但是山鸡的育种和饲养管理技术有待提高；因为山鸡的饲养量在家禽养殖业中所占份额很低，不能满足人民生活的需要，所以应从以下几方面进行改进：

1）采用现代育种技术，改良山鸡品种，解决良种匮乏、品质差、单产低的问题。加强专门化品种的培育，以适应肉用、蛋用、狩猎用、观赏用等不同用途的需要。

2）改进饲养管理等配套技术，解决山鸡产蛋量、孵化率和育雏成活率偏低的问题，提高产品优质率。

3）加强产品深加工，适应消费者的需求，改变山鸡产品单一的现象，在产品的"名优特新"上下功夫，在提高产品附加值上下功夫，建立稳定的、广阔的销售市场，避免山鸡饲养业的大起大落。

第二节　山鸡养殖的效益分析

山鸡是世界上重要的狩猎禽类之一，更是一种经济价值很高的珍禽，集食用、药用、毛用、皮用于一体。随着社会经济的发展和人们消费质量的提高，山鸡养殖业将在畜牧业生产中占据越来越重要的地位。正确引导山鸡的生产，积极开拓国内外市场，加强科学化生产和管理，将会产生可观的经济效益和社会效益。

一 营养价值

山鸡肉质细嫩、滋味鲜美、野味浓郁、风味独特，是世界久负盛誉的山珍佳肴，是一种高蛋白、低脂肪和低胆固醇的野味珍品。山鸡肉胸肌和腿肌中的粗蛋白质含量分别为 24.19% 和 20.12%，分别比肉用鸡高 15.69% 和 14.32%；而山鸡肉胸肌和腿肌中的粗脂肪含量分别仅为 1.12% 和 2.94%；山鸡肉中胆固醇的含量也比肉用鸡低 291.21%。山鸡肉中的蛋白质、脂肪分布均匀，富含人体必需氨基酸和多种矿物质元素，易于消化和吸收，营养全面，不含致癌因子，是优良的滋补食品。

二 药用价值

山鸡肉具有食疗作用，具有多种医疗保健作用，药用价值较高。肉味甘、酸、温，能补中益气，治脾虚、下痢和尿频等，具有消食化积、利尿等功能。《本草纲目》中记载，山鸡脑治"冻疮"，山鸡嘴治"蚁瘘"，山鸡屎治"久痢"，鸡内金主治消化不良、反胃呕吐和遗尿遗精，山鸡胆有清肺止咳的功能。山鸡肉的胆固醇含量特别低，具有优质保健的营养特点，因此，人们食用山鸡肉既可以获得丰富的氨基酸等营养成分，又可以防治高胆固醇血症和动脉粥样硬化，也有利于维持正常的血压。山鸡的肌胃角质也可入药，有消食开胃的作用。

在我国，早在战国时的史籍《周礼·天官》和诗人屈原的《楚辞》中就有山鸡入馔的记述。现可收集古往今来的山鸡菜谱多达几十种。在国外，山鸡历来被美国、日本、新加坡等国列为国宴热门菜，足见其味美和营养保健价值。

三 观赏价值

雌性山鸡的羽色一般为麻栗褐色，脸部皮肤产蛋时呈红色，尾羽较短，喙为灰褐色，无距。雄性山鸡的羽毛华丽，头羽为青铜褐色，具有浅绿色的金属光泽，头顶两边各有一束青铜色毛丛，脸部皮肤裸露呈绯红色，颈部有一显著的白色环纹，胸部羽毛为黄铜色且有金属光泽，尾羽为黄褐色且带黑斑纹，长而美观，喙灰白，趾为铁灰色，有距。成年雄性山鸡身长（含尾羽）近1米，七彩斑斓，鲜艳美丽，极具观赏价值。美国华人视山鸡为吉祥之物，养在家里观赏，称之为"龙凤鸟"。山鸡的皮毛可加工制成观赏标本。雄性山鸡的尾羽可做饰羽工艺品。

由于山鸡的尾长，并且羽毛光彩艳丽，具有很强的观赏性，我国自古就有送山鸡作为礼品的传统，有祝愿健康长寿、吉祥美满之意。用山鸡羽制成的羽毛扇、羽毛画、玩具等，深受消费者欢迎。用山鸡剥制的生物标本，作为高雅贵重的装饰品，已进入许多城市居民的家中，一具造型优美的山鸡标本售价可达到100余元。

四　发展旅游狩猎业的价值

狩猎山鸡是我国古代就流传下来的传统娱乐方式，作为一种传统的风俗、一种民间娱乐应该被保留传承和完善提高。随着市场经济的发展，狩猎山鸡也开始市场化，逐渐演变成为一门行业，产区各地为了发展旅游狩猎，开办山鸡狩猎场，将家养山鸡放飞到旅游区供游客狩猎，可以丰富旅游内容。国外，将山鸡养至雏期放入狩猎场任其自然生长，狩猎季节时开放狩猎场。我国的旅游狩猎业才刚刚起步，有的地方开办了狩猎场。例如，黑龙江省桃山狩猎场和吉林省露水河狩猎场均养有狩猎用的河北亚种山鸡，放飞后供游客狩猎，收到了良好的经济效益。

现在人类保护生存环境和追求回归自然的大趋势正在全球发展。人类的食物结构正在向生、鲜、野、绿和营养合理性方向转移。山鸡经人类驯化不久，仍保持了野生雉鸡的经济特性，如高蛋白、低脂肪、肉质鲜美、营养丰富、滋补保健，又有观赏价值，正顺应了人类消费的新潮流，受到越来越多的国内外消费者的青睐。由于山鸡特禽养殖业的兴起和人们生活水平的提高，山鸡已渐渐出现在普通消费者的餐桌上，不再仅仅是高档宴席上的佳肴。这就意味着一个很大的需求市场正在向山鸡养殖业招手。

据市场信息反映，山鸡在国内外市场上走俏，一些省市的外贸单位大量收购山鸡出口。在我国市场上，不少城市出现山鸡供不应求现象，有价无货。目前，国外对山鸡的需求量仍在增长，发展山鸡养殖正当其时。近年来，山鸡已被加工成罐头和肉干等产品，也受到消费者的一致欢迎，这就预示着对山鸡产品进行深加工，开发高档营养保健系列产品和风味产品、方便型产品等前景看好，这将进一步提高山鸡产业的产值和更好地满足人们多层次需要。可见，山鸡产业的开发是大有前途的，具有较好的经济效益和社会效益，是发展高产、优质、高效养殖业和增加出口创汇产品的新途径。据统计，20 世纪五六十年代，我国的野生山鸡每年向国外出口上千吨，后来因为野生资源枯竭，就以家养的活山鸡和山鸡肉出口，获得了较高的收益。活山鸡销售到香港每年达 100 多万只，其售价在 200 港币左右，是内地售价的 4 倍。近10 年来，我国吉林省出口到日本的山鸡、冻白条和分割肉是国内售价的 3 倍，增加了我国出口创汇收益。

饲养山鸡的设备比较简单，所用的材料可以是木杆、竹竿、金属网、旧渔网、旧钢材等，不像家养鸡那样需要很多正规的房舍，因而投资成本低，规模可大可小，养殖技术也容易掌握，适合发展庭院经济。在农村及山区均能充分利用闲置的建筑物及空闲荒地建造网舍，可以不占用耕地。山鸡的饲料主要由玉米、各种饼粕类、骨粉和糠麸类等组成，农村饲料来源充足，为发展山鸡饲养业创造了得天独厚的条件。山鸡生长快，饲养周期短，4 月龄即可上市出售，体重达到 1 ~ 1.5 千克，每只价格在 50 元以上，每只饲养成本为 40 元左右，利润为 10 元左右，是一个很好的致富项目。在农村，一个普通劳动力若引进 5 组山鸡（每组1 雄 4 雌），进行科学自繁自养，一年至少能生产出 1000 只以上的商品山鸡，养殖户大多可以取得较好的经济效益，对增加农民收入起到一定的促进作用。

第一章 绪论

——第二章——
山鸡的生物学特性

第一节　山鸡的外貌特征与分布

一　山鸡的外貌特征

　　山鸡体型略小于家鸡，清秀且呈流线型，尾羽长且由前往后逐渐变细，如图 2-1 所示。公山鸡与母山鸡的体型外貌差别很大，易于区分。成年公山鸡体长 80 厘米左右，体重 1.2 千克左右。前额及上嘴部的羽毛呈黑色，具有绿色的金属光泽；头顶及枕部呈浅褐色，具有浅绿色的金属光泽，两侧有白色眉纹，但不十分显著；眼周和颊部的皮肤裸露，呈绯红色；在白眉的下面有一狭长绿色眉纹，在眼下有一片绿色短羽，具有闪光的蓝色；短的黑羽集成若干的小丛，分散于皮肤裸露部分；耳羽呈黑色；颌、颧及上喉均为深的金属绿色；后颈呈金属绿色；颈侧呈紫色；下喉呈紫色，具有绿色羽缘；颈的下方有一白领，此领在前颈几乎断开或仅很窄地左右相连起来，在颈的后方也稍变窄；翕部呈浅金黄色，有黑色条纹；肩和上部呈浅黄色，围以黑色条纹，在末端几乎愈合，在黑纹之外围以宽的紫栗色边缘；下背和腰部均为浅银灰色而带闪光的绿色；背部靠近中央的羽毛具数行同心而相间排列的浅黄色与黑色横斑，并具有浅绿色羽缘；尾羽呈橄榄黄且带灰色，并具有黑色横斑，在中央有4对尾羽，横斑变为红紫色，伸入于紫灰色的羽缘内；两侧尾羽呈浅橄榄色，具有褐色斑点；翼上覆羽呈浅灰色，翅缘呈白色，大覆羽具有深栗色边缘，初级和次级羽均为暗灰褐色，具有浅黄栗色横斑；胸部呈栗紫色，羽端为铜红色，具有显明的金属光泽，羽端具凹入的缺刻，尖端部分的边缘围以黑色窄缘；肋部为显明的浅黄色，每羽在尖端具有一个黑斑；下胸的中央及腹部呈黑褐色，在下胸和腹部两侧的羽毛，其尖端均围以闪光的蓝色；尾下覆羽呈栗色；翼下覆羽呈白色且杂以浅黄色。足上有距。

图2-1　山鸡的外貌特征

成年母山鸡较公山鸡小，体长60厘米左右，体重0.8千克左右，不像公山鸡羽色那样鲜艳。上体呈黑色、栗色及沙褐色相杂状；头顶呈黑色，具有栗沙色斑纹；后颈羽基为栗色，靠近边缘为黑色，羽缘呈紫灰色；翅为暗褐色，具有沙褐色横斑；翕部羽毛的中央为黑色，近边缘处为栗色，羽缘为带沙色的浅黄色；下体为带栗色的褐色，喉部略带白色，两肋具有黑褐色横斑。足上无距。尾羽也较短。

雏山鸡全身绒毛为黑灰色，洁净、蓬松、长短整齐，叫声响亮而清脆。颧部有很多的白色；胸部为浅黄色；肋部具有丰富的橘黄色。

二 山鸡的分类与分布

我国的山鸡资源相当丰富，遍及除了西藏和海南以外的其他各省市。在国外，山鸡资源主要分布于欧洲东南部、中亚地区、蒙古、朝鲜、俄罗斯西伯利亚东南部及越南北方和缅甸东北部。目前，山鸡已经被引入美国和澳大利亚等国家。

国内外的山鸡均属一个种，但可分成不同的亚种。根据沃乌力（1965）的研究，山鸡在野生状态下分为 30 个亚种，其中在我国境内分布的有 19 个亚种，约占亚种总数的 2/3，分别为准噶尔亚种、莎车亚种、塔里木亚种、南山亚种（祁连山亚种）、青海亚种、甘肃亚种、阿拉善亚种、贺兰山亚种、弱水亚种、东北亚种、河北亚种、内蒙古亚种、四川亚种、云南亚种、滇南亚种、贵州亚种、广西亚种、华东亚种和台湾亚种。

在山鸡的所有亚种中，又划分为 5 个亚种组，即南欧组、中亚组、突厥组、草地组和中华组。其中，我国新疆所产的 3 个亚种分别属于中亚组、突厥组及草地组。在我国所产的 19 个亚种中，3 个亚种局限于新疆，即准噶尔亚种、莎车亚种和塔里木亚种，其余的 16 个亚种的外貌特征都有蓝灰色的腰部，可以统列为同一个亚种组，叫作灰腰山组，这一组仅限于我国境内，堪称我国特产，故又称中华组。

第二节　山鸡的生活习性

1. 适应性强

山鸡的适应性很强，从海拔 300 米的草原、丘陵至海拔 3000 米的高山均有山鸡栖息，随季节变化也有小范围内的垂直迁移。山鸡夏天栖息于海拔较高处的针叶、阔叶混交林边缘的灌木丛中，秋季则迁移到低矮山林的向阳避风的地方、山麓及近山的耕地或江湖沿岸的苇塘内。

山鸡于拂晓开始活动和觅食；下雪或雨天多在岩下或大树根

下过夜，平时夜间多在树的横枝上休息。山鸡睡觉时缩颈闭目或将嘴插在翅膀内。天亮醒来，抖几次羽毛，用嘴整理一阵羽毛后开始活动。

2. 有集群习性

野生条件下，山鸡有集群习性。冬季，山鸡组群越冬，但在每年的 4 月初开始分群。繁殖季节，公山鸡在群体中表现出一定的社会顺位（或地位），即啄斗顺序。公、母种山鸡合群后，公山鸡之间为争偶常发生激烈的斗架。只有经过一段时间的斗架形成一定的啄斗顺序（即强弱顺序）和确立出"王子鸡"后，形成以公山鸡为核心并与其配偶（母山鸡）共同组成相对稳定的群体，即"婚配群"，其规模通常不大，一般一公配多母，即（1:2）~4。"婚配群"活动范围较固定，有一定的占领区，若遇其他公山鸡侵入，公山鸡会与之激烈争斗。占领区的大小取决于当地适宜的栖息地面积、植被、地形、种群密度和公山鸡的争偶能力。

3. 胆怯而机警

山鸡在平时觅食过程中时常抬起头机警地向四周观望，若有动静，迅速逃窜，尤其在人工笼养情况下，当突然受到人或动物的惊吓，或者有激烈的嘈杂噪声刺激时，会使山鸡群惊飞乱撞，发生撞伤，导致头破血流，甚至造成死亡。因此，养殖场要求保持环境安静，防止因动作粗暴或产生突然的尖锐声响使山鸡群受惊。

4. 食性杂

山鸡是以植物性饲料为主的杂食性鸟类。随季节的变化，山鸡摄取的食物种类也不相同。昆虫等是山鸡的主要动物性饲料来源。

5. 食量小

山鸡嗉囊较小，容纳的食物也少，喜欢少食多餐。尤其是雏山鸡，吃食时习惯于吃一点就走，转一圈回来再吃。

6. 繁殖习性

野生山鸡在每年 4 月开始营巢于地面草丛、高草中或稀林地的灌木丛边缘、周围长满高草的树丛内。山鸡巢窝多半用干草修成一个不深的小坑，巢窝的直径为 21 ~ 24 厘米，深 8 厘米。山鸡的性别比决定于多种自然因素，公母比例一般为 1 : (2 ~ 8)。交尾后产蛋，每窝可产蛋 5 ~ 6 枚，多则 8 ~ 9 枚。野生山鸡在 4 月下旬产蛋，家养山鸡还要早一些。

7. 性情活跃，野性强

野生条件下，山鸡天黑时多数飞到树杈上过夜，少数则在地面栖息；而在人工圈养条件下，山鸡仍喜欢登高而栖，如夜间多在树木较低的横枝上栖宿。天刚亮时山鸡就开始活动，并在清晨和黄昏时最为活跃，或相互追逐，或短距离飞行。因此，用于饲养山鸡的饲养舍和网室应设有栖架。

山鸡脚强健，善于奔走，平时喜欢到处游走，行走时常常左顾右盼，并不时跳跃。山鸡的飞翔能力不强，只能短距离飞行。随着季节的变化有小范围的垂直迁徙，夏季栖息于海拔较高的针叶、阔叶混交林边缘的灌木丛中，秋季之后迁徙到低矮山林的向阳避风之处和近山的耕地或江湖沿岸的苇塘内。同一季节里山鸡的栖息地比较固定。

8. 叫声特殊

山鸡鸣叫就像"咯—哆—啰"或"咯—克—咯"，互相呼唤时，常发出悦耳的低叫。当突然受惊时，山鸡则会爆发出一个或一系列尖锐的"咯咯"声。繁殖季节，公山鸡在天刚亮时就开始"咯咯"啼鸣，十分清脆，每次鸣后都拍动双翅，表现出发情姿态；稍晚的时候，叫声变低。在日间炎热时，山鸡不鸣叫或很少鸣叫。

9. 对外界刺激反应敏感

山鸡性胆怯，怕人，对色彩反应特别敏感，尤其是看到身着艳丽服装的生人和听到敌害飞禽的叫声及噪声时，易受惊吓而乱飞乱跳，甚至惊群，影响采食。野生山鸡平时多在隐蔽的灌木、草间行走觅食。若受任何惊动，就窜匿于稠密的草堆中；受惊吓时，会发出"咯咯"的鸣叫，同时骤然振翅飞起，但飞得不远，又悄悄地潜入草丛中逃逸。

10. 喜沙浴

山鸡非常喜欢沙浴，常常可以见到山鸡打沙浴的情景，在沙土上扒一个浅盘状的坑，在坑内不断地滚动，抖动着羽毛和翅膀。这大概是为了清洁羽毛上的污物，或者去掉身上的寄生虫。笼养条件下，在网舍内铺上一层沙土，一方面可满足山鸡的这一习性；另一方面可防止下雨后舍内地面泥泞，也有助于山鸡采食后帮助消化食物。

11. 早成性

山鸡为早成鸟。刚出壳的幼雏就有绒毛，待绒毛干后，就在母山鸡的带领下成群活动，这时幼雏就能自己捕食小昆虫等，约10天之后便开始啄食嫩青草、树叶等。

12. 就巢性

野生山鸡有就巢性，通常在草丛、灌木丛、树木下面、芦苇间、小麦田中等隐蔽处，用爪扒出浅窝，垫上枯草、落叶和少量的羽毛，即成为简陋的巢窝。母山鸡在巢内产蛋和孵蛋。母山鸡在孵化时都躲避着公山鸡，只是外出采食时才能碰到公山鸡。如果公山鸡找到巢窝，会捣毁巢窝或吃掉蛋。当第一窝蛋被破坏后，母山鸡可产第二窝。母山鸡孵蛋后期很恋巢，即使人到巢边也不飞跑。

—— 第三章 ——
山鸡的主要品种

第一节　山鸡品种分类

我国山鸡分布有 19 个地域型亚种，体羽细部差别较大。东部亚种下背及腰为浅灰绿色，其中台湾亚种、内蒙古亚种、华东亚种、河北亚种和东北亚种有白色颈环；滇南亚种、四川亚种及云南亚种没有颈环或仅有部分颈环，其他亚种均有不完整颈环，东北亚种和云南亚种胸部为绿色而非紫色。西部所有亚种翅上覆羽为白色，下背及腰为栗色，白色颈环不明或缺失，其中莎车亚种的胸部为绿色，准噶尔亚种的胸部为紫色，其余亚种胸部均为绿色。目前驯养的山鸡主要分为地方品种、培育品种和引入品种，本书主要介绍养殖规模较大的几个山鸡品种：

一　地方品种

1. 中国山鸡

中国山鸡别名中国雉鸡，分为肉用、观赏用等。主产区为吉林、辽宁、河北、山西、内蒙古等地，中心产区是吉林、长春、延边等地。目前已推广到全国各地，南方沿海地区饲养量多，西北、西南地区分布相对较少。

中国山鸡体型较大，饱满，如彩图 3 所示。公山鸡体重 1.65 千克左右，体长 16 厘米左右。羽毛华丽，前额及上嘴基部的羽毛呈黑色；头顶及枕部呈青铜褐色，两侧有白色眉纹，眼周及颊部的皮肤裸出，呈绯红色；颈的下方有一白色颈环（白环在前颈有的中断，也有的不中断）；背部羽呈黑褐色，胸部呈带紫的铜红色；腹部呈黑褐色，尾下覆羽呈栗色，翅下覆羽呈黄色，并杂以暗色细斑。母山鸡体重 1.30 千克左右，体长 15 厘米左右，体呈黑色、栗色及沙褐色相混杂的羽色；头顶呈黑色，具有栗沙色斑纹；后颈羽基为栗色；翅主暗褐色，具有沙褐色横斑；背中部羽毛为黑色；下体为浅沙黄色，并杂以栗色；喉部为纯棕白色；两肋具有黑褐横斑。头大小适中，颈长而细，眼大灵活，喙短而弯曲；胸宽深而丰满，背宽而直，腹紧凑有弹性；骨骼坚固，肌肉丰满。

中国山鸡 5 ～ 6 月龄即体成熟，性成熟为 8 ～ 9 月龄，年产蛋 80 ～ 150 枚，蛋重 29 ～ 32 克，种蛋受精率 85%，受精蛋孵化率 86%。目前多采用室内笼养（见彩图 4）、网上平养（见彩图 5）、地面厚垫料平养等方法饲养。

2. 天峨六画山鸡

天峨六画山鸡俗称彩山鸡、野鸡、山鸡（见彩图 6），于 2009 年 7 月通过国家畜禽遗传资源委员会家禽专业委员会品种鉴定，原产地及中心产区为广西壮族自治区天峨县八腊瑶族乡，主要分布在该县的六排、岜暮、纳直、更新、向阳、下老、坡结、三堡等乡镇，周边的东兰、凤山、南丹等县也有少量分布。民国时期，天峨县八腊瑶族乡、岜暮乡、向阳镇、六排镇等地已把天峨六画山鸡作为饲养的主要家禽品种。

天峨六画山鸡体躯匀称，尾羽笔直。冠不发达，皮肤呈粉红色，胫、趾、喙呈青灰色。公山鸡体重 1.4 千克左右，体长 19 厘米左右。耳羽发达直立，脸绯红，颈部羽毛呈墨绿色；胸部羽毛呈深蓝色；背部羽毛呈蓝灰色，有金色镶边；腰部羽毛呈土黄色；尾羽呈黄灰色，排列着整齐的墨绿色横斑。母山鸡体重 1.2

千克左右，体长 17 厘米左右。羽毛主色为黑褐色，间有黄褐色斑纹；头部、颈部羽毛略带棕红色；腹部羽毛呈褐色略带灰黄色，有斑纹。雏山鸡绒毛主色为黑褐色带白花，背部有条纹。

天峨六画山鸡是在特定的自然环境和人文因素作用下形成的山鸡品种，年产蛋 70～90 枚，平均蛋重 30.6 克，平均种蛋受精率 86.3%，平均受精蛋孵化率 89.5%。肉质鲜美，既可作为美味佳肴，又可供观赏、药膳等多种用途。天峨六画山鸡能适应粗放的养殖环境，并且已具有良好的生产和繁殖性能。

二 培育品种

左家山鸡（见彩图 7）是目前我国仅有的人工培育山鸡品种，也称左家雉鸡，主要为肉用。左家山鸡是中国农业科学院特产研究所于 1991—1996 年，通过级进杂交，横交固定的育种方式选育的。1990 年，选择美国雉鸡♂（公）×河北亚种雉鸡♀（母）进行杂交，得到 F_1 代杂交种；为使高产性能更加巩固，1991 年再用美国雉鸡♂×F_1 代♀级进杂交，得到杂交 F_2 代；1992 年在 F_2 代中进行横交固定，严格选择横交得到第 1 世代的"左家山鸡"；1993 年进行封闭纯繁和选择，在 1993 年、1994 年和 1995 年分别得到第 2、第 3 和第 4 世代"左家山鸡"，经过 4 个世代的严格选择和纯繁，现在左家山鸡已经具备表型性状一致、生产性能性状稳定的特征。其原产地及中心产区为吉林省吉林市左家镇，现推广到全国除西藏外的大部分省区，吉林、黑龙江、辽宁、内蒙古东部及广东、浙江、上海、江苏等沿海地区分布较广。

左家山鸡胸部丰满，胫骨短小，呈钝圆体形。公山鸡眼眶上方有一对清晰的白眉，颈部为黑绿色，颈的下部有一条较宽且不太完整的白环，在颈腹部有间断；胸部为红铜色，上体为棕褐色，腰部为草黄色；母山鸡上体为棕黄色，下体近乎白色，背部羽毛呈棕黄色或沙黄色，腹部羽毛呈灰白色。毛色介于中国山鸡和河北亚种雉鸡之间。成年公山鸡体重约为 1.7 千克，母山鸡约为 1.26 千克；平均年产蛋 71.4 枚，4 月初开始产蛋，产蛋期为 19 周，产蛋率大于 50% 的时间为 10 周，至 8 月中旬停产。种蛋受精率为 88.5%，受精蛋孵化率为 90.1%，育雏期成活率为 85.2%。

近年来，由于养殖者只注重提高产肉量，致使山鸡的杂交情况比较严重，所以纯种左家山鸡的数量已不多。

三 引入品种

美国七彩山鸡也称七彩山鸡、美国山鸡，主要为肉用品种（见彩图8）。原产地为美国威斯康星、明尼苏达、伊利诺斯等州。引入到中国主要分布在广东省珠江三角洲地区，目前已分布在我国的华南、华东、华北和西北等大部分地区。七彩山鸡适应性较强，从平原到山区，从河流到峡谷，从海拔 300 米的丘陵到 3000 米的高山均可生存。夏季能耐 32℃ 以上的高温，冬天不畏 −35℃ 的严寒。

成年七彩山鸡公鸡体重 1.5 千克左右，体长 17 厘米左右；头羽为青铜褐色，带有金属光泽；头顶两侧各有一束青铜色眉羽，两眼睑四周布满红色皮肤，两眼上方头顶两侧各有白色眉纹；虹膜为红栗色；眼睑部皮肤为红色，并有红色毛状肉柱突起，稀疏分布着细短的褐色羽毛；颈有白色羽毛形成的颈羽环，在胸部处不完全闭合，不闭合处为非白羽段，非白羽段横向长 2.7 厘米左右，白颈环实际上是由该处羽毛峰端为白色的羽毛构成的，这种羽毛的中段以下直至基部为深褐色；胸部羽毛呈铜红色，有金属光泽；背羽为黄褐色，羽毛边缘带黑色斑纹；背腰两侧和两肩及翅膀的羽毛为黄褐色，羽毛中间带有蓝黑色；主翼羽 10 根，副主翼羽 13 根，轴羽 1 根；尾羽为黄褐色，并具有黑横斑纹，主尾羽 4 对；喙为浅灰色，质地坚硬；胫、趾为暗灰色或红灰色，胫下段偏内侧长有距。

母鸡体重 1.2 千克左右，体长 15 厘米左右；头顶米黄色或褐色，具有黑褐色斑纹。眼四周分布浅褐色睑毛，眼下方浅红色，虹膜红褐色。睑部浅红色。颈部为浅栗色羽毛，后颈羽基为栗色，羽缘黑色。胸羽沙黄色。翅膀暗褐色，有浅褐色横斑，上部分褐色或棕褐色，下部分沙黄色。主翼羽 10 根，副翼羽 13 根，轴羽 1 根。尾羽黄褐色，有黑色横斑纹。喙暗灰色。胫、趾灰色，5 月龄以后胫上段偏内侧处长距。

美国七彩山鸡 4 ～ 5 个月就可达到性成熟期。公山鸡比母山鸡晚 1 个月性成熟。每年 2 ～ 3 月开始产蛋，产蛋期延长到 9 月。蛋壳色为浅橄榄黄色，椭圆形，蛋重 28 ～ 36 克，纵径 26 ～ 34 毫米。在产蛋期内，母山鸡产蛋无规律性，一般连产 2 天休息 1 天，个别连产 3 天休息 1 天，初产母山鸡隔天产 1 枚蛋的较多，每天产蛋时间集中在上午 9 时至下午 3 时。年产蛋 80 ～ 120 枚。七彩山鸡引入我国后，发展较快，是目前国内主要的养殖品种之一。

第二节　山鸡主要养殖品种

家养山鸡是由野生山鸡经过选育、驯化而来的。目前，野生山鸡品种大量存在，而且分布范围较广。目前对种山鸡的选择尚未发现独特的选择方法，一般参照家鸡选择方法进行，即根据体型外貌、生理特征和数据记录资料进行选择。种公山鸡应选择身体各部分匀称、发育良好、脸绯红、耳羽发达直立、胸部宽深、羽毛艳丽、姿态雄伟、雄性强、体型大和健壮的留种。母山鸡要求选择身体端正呈椭圆形、羽毛紧贴有光泽、静止站立尾不着地、两眼明亮有神和健康无病的。

目前，我国所饲养山鸡除了上面介绍的养殖数量较多的品种外，还有一部分养殖品种，主要包括河北亚种山鸡、黑化山鸡、特大型山鸡、白化山鸡和浅金黄色山鸡。其中，除了河北亚种山鸡外，其他品种山鸡均为从国外引进的高产品种。

目前，国内的山鸡主要为肉用，主要品种如下：

1. 河北亚种山鸡

河北亚种山鸡又叫地产雉鸡（见彩图 9）是中国农业科学院特产研究所于 1978—1989 年对野生河北亚种山鸡进行人工驯化繁

殖和选育而成的。成年公山鸡体重 1.2 ~ 1.5 千克，头部两眼睑有明显白眉，白色颈环较宽且完全闭合，胸部为褐色，体形细长。母山鸡体重 0.9 ~ 1.1 千克，体型纤小，腹部为黄褐色。年平均产蛋 26 ~ 30 枚，种蛋受精率在 87% 以上，受精蛋孵化率为 89% 左右，种蛋重 25 ~ 30 克。河北亚种山鸡肉质细嫩，肉味鲜美，深受国内外消费者喜爱，又因其野性较强，善于飞翔，放养后独立生活能力和野外生活环境的适应能力很强，是旅游狩猎场和放养场较合适的饲养品种。

2. 黑化山鸡

黑化山鸡是中国农业科学院特产研究所于 1990 年从美国威斯康星州麦克法伦山鸡公司引进的品种，国内称为孔雀蓝山鸡（见彩图 10）。公山鸡全身羽毛呈黑色，头顶、背部、体侧部和肩羽、覆羽均带有金色绿光泽，在颈部带有紫蓝色光泽。母山鸡全身羽毛呈黑橄榄棕色。国内外对该山鸡品种的起源至今仍有争论。其生产性能指标和肉质风味均与中国环颈雉相近。

3. 浅金黄色山鸡

浅金黄色山鸡为中国农业科学院特产研究所于 1994 年从美国威斯康星州麦克法伦山鸡公司引进的。浅金黄色山鸡发源于美国加利福尼亚，但其确切起源不太清楚，目前多数专家认为是中国环颈雉和蒙古环颈雉的杂交产物。公山鸡头顶和额为灰黄色，面部皮肤和肉垂为鲜红色，全身羽毛呈浅黄色。母山鸡整体为浅黄色，仅头顶和额部的羽毛比身体羽毛的颜色稍暗。其特点是飞翔能力强，肉质较细嫩，适合于狩猎。但目前数量较少。

4. 白化山鸡

白化山鸡又称白羽山鸡、白野鸡，为中国农业科学院特产研究所于 1994 年从美国威斯康星州麦克法伦山鸡公司引进的，其起源目前尚不清楚。我国于 1997 年开始饲养推广。白化山鸡全身羽毛为纯白色，体形较大，体态紧凑，风韵多姿，面部皮肤和两边的垂肉呈鲜红色，耳羽两侧后面的两簇白色羽毛向后延伸。公山鸡头顶、颈部和身体各个部位羽毛均为纯白色，虹膜为蓝灰色，面部皮肤为鲜红色。母山鸡除缺少鲜红色的面部和肉垂及尾部羽毛较短外，其余部位羽毛均与公山鸡相同。

成年白化山鸡公鸡体长 65～75 厘米，体重 1.3～1.6 千克，9～10 月龄性成熟，如彩图 11 所示。母鸡体长 45～55 厘米，体重 1.1～1.4 千克，10～11 月龄开产，年产蛋 80～120 枚，蛋呈椭圆形，蛋壳呈橄榄黄色或棕绿色，蛋重 30 克左右，公母配比为 1:4，种蛋受精率为 80%～86%，孵化期为 24～25 天，如彩图 12 所示。

白化山鸡肉质结实、洁白、光滑、风味独特、口感好，备受消费者青睐。白化山鸡肉还具有抑喘补气、止痰化瘀、清肺止咳之功效。鸡脑治冻疮，嘴治蚁瘘等。目前，在全国各市场上偶有所见，开发和发展白化山鸡养殖具有强大的市场。

5. 特大型山鸡

特大型山鸡是中国农业科学院特产研究所于 1994 年从美国威斯康星州麦克法伦山鸡公司引进的品种，该品种是由蒙古环颈雉选育而形成的。该品种公山鸡眼睑无白眉，白色颈环窄且不完全，部分鸡甚至没有颈环，胸部为深红色。母山鸡腹部颜色浅，呈灰白色。特大型山鸡最突出的特点是体型大和出肉率高，主要为肉用，目前养殖数量极少。

——第四章——
山鸡的繁育

第一节　山鸡的选种与选配

一　遗传基础

　　细胞是所有生命物质的基本结构，在体内有两种基本细胞类型，构成身体组织的细胞称为体细胞，负责种类延续的细胞称为性细胞。

　　细胞核内有一个结构称为染色体，携带个体生物的遗传物质。染色体有两种类型：常染色体和性染色体，在体内细胞中除一对染色体外，其余染色体都是常染色体，不成对的染色体是性染色体。

　　禽类的性遗传与哺乳动物是有差异的，哺乳动物后代的性遗传是由雄配子决定的，仅一种性染色体（公 XY，母 XX）；禽类雌配子是一个性染色体（公 ZZ，母 ZW）。图 4-1 为山鸡的性遗传。

　　染色体内的遗传分子物质称为基因，负责性状的遗传传递，完全相同的基因位于每对染色体上或位于两条一致的染色体上互相精确地对应。

在 DNA 链上，大分子组成中含有基因的遗传物质，含有 4 个生物碱基，这个碱基的顺序决定蛋白质负责每个个体的表现，下列是与基因相关的几个术语的简单描述：

1）特征或性状：结构形态、大小、颜色、功能，如羽毛颜色、类型、身体形态和蛋色。

2）同型：同型个体是在染色体位点上携带两个等位基因，如玫瑰冠 RR 或单冠 rr。

3）杂合：杂合个体是具有不同基因的遗传编码。例如，Rr 中的 R 是玫瑰冠，呈显性；r 是单冠，为隐性基因。

4）显性：显性基因是在所有条件下都可表现出的或可观察的，包括杂合的或同型的。

5）隐性：隐性基因仅在纯合状态下表现。

6）基因型：基因型是 DNA 编码的性状遗传潜力，可能会表现，也有可能不表现出来。

7）表型：表型是性状实际可观察的。

8）染色体组：染色体组是在染色体有丝分裂中期制备观察到的。在有丝分裂的中期，染色体大多数是紧密的（在有丝分裂阶段，染色体沿着纺锤体的赤道板组成一排），染色体组有染色体配对的数量，山鸡具有 41 对染色体，其中一对（W 和 Z）组成了性染色体和 40 对常染色体（见图 4-1），由于着丝粒位置的不同，染色体的臂大小不一致（见图 4-2），有臂大小相等的中端着丝粒染色体，有一个长臂和一个短臂的近端着丝粒染色体，有单个臂的末端着丝粒染色体。

9）杂交育种：具有遗传相关的种类，如所有山鸡种类，常常能杂交的，可生产能生育的后裔。当然，真正的种间杂交育种是不能生育的。还发现在禽类种间杂交具中起支配地位的是公禽，山鸡之间已生产杂种，因而，即使差异很大的两个种类的染色体组，也可结合产生能生育的杂种，羽色基因对杂种影响很大。

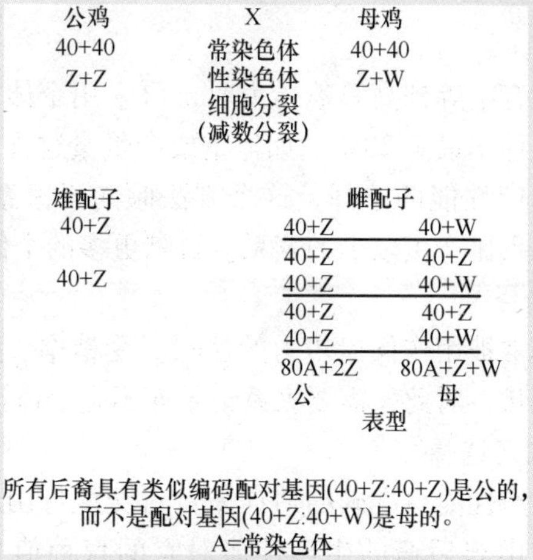

```
公鸡              X          母鸡
40+40        常染色体        40+40
Z+Z          性染色体         Z+W
            细胞分裂
           （减数分裂）


雄配子                        雌配子
40+Z              40+Z        40+W
                  ─────────────────
40+Z              40+Z        40+Z
                  40+Z        40+W
                  40+Z        40+Z
                  40+Z        40+W
                  ─────────────────
                  80A+2Z      80A+Z+W
                   公           母
                         表型
```

所有后裔具有类似编码配对基因(40+Z∶40+Z)是公的，
而不是配对基因(40+Z∶40+W)是母的。
A=常染色体

图 4-1　环颈雉的性遗传

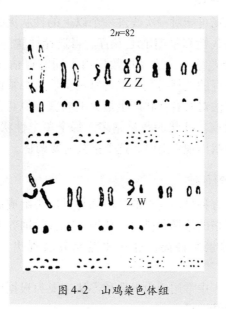

$2n=82$

图 4-2　山鸡染色体组

二 选择方法

1. 个体选择

当性状具有中等到高等遗传力时，可采用个体选择方法，每个世代种鸡留种率最高 20%。如体重或产蛋量这样的性状，就是通过对个体生产性能的选择，这个方法倾向于家系选择。例如，产蛋较好的家系比产蛋较少的家系会贡献更多的个体母鸡。

2. 家系选择

家系选择常被用作低遗传力的性状。受精率、孵化率和生活力属于这种性状，对此，需要家系记录而不是个体记录。

3. 后裔测定选择

公山鸡生产性能更准确的估计来自对交配母山鸡几个不同后裔的评价。公山鸡后裔的生产性能对它的育种值具有较高的代表性。

4. 多性状选择

山鸡养殖场可能对一次改进一个以上的性状更感兴趣，如产蛋量、产蛋持久性和早期羽毛发育。当选择性状的数量越多时，对性状的选择差越小。选择指数提出了同时评估几个性状的体系，开发一个好的选择指数要求对每一个性状必须设计一个加权因子，这个方法对所有性状产生最大的收获，但对个体的性状仅获得较小的收获。性状的数量越多，每个单个性状的改进越小，当群体某个性状出现衰退时，这个指数需要调整。

三 山鸡的选种

选择符合育种目标要求的公山鸡与母山鸡组成优良的种山鸡群，再经过严格的选择和科学、合理、完善的饲养管理，使种山鸡获得良好的繁殖性能，这样才能充分表现出其优良的遗传潜力。

目前，生产中常用的山鸡选种方法主要为根据体型外貌和生产性能记录成绩选择。

1. 根据体型外貌特征选择

一般不是专业化山鸡育种场都不进行个体生产性能测定，因此，只能依靠体型外貌特征对山鸡进行基本的选择。这种选择一般根据不同的育种目标，在种用雏山鸡（3~4周龄）、后备种山鸡（17~18周龄至开产前）和成年山鸡（第2个产蛋期开产前）进行3次选择。

（1）种用雏山鸡的选择 对种用的雏山鸡群，在育雏至3~4周龄时应进行第1次选种，此时可根据雏山鸡的羽色、喙和脚趾颜色等进行区别，选择健壮、体大、叫声响亮、体质紧凑、活泼好动、脚趾发育良好的雏山鸡留种，留种数量应比实际用种数量多出50%。

（2）后备种山鸡的选择 经过第1次选种后的山鸡群在17~18周龄时，应进行第2次选种。此时选种主要是淘汰生长慢、体重轻及羽色和喙、趾的颜色不符合本品种要求的山鸡个体。留种的数量应比实际用种数量高出30%。

至山鸡开产前，应进行后备种山鸡的最后一次选种，此时主要选择个体中等或中等偏上、外貌特征符合育种目标的种鸡留种。留种数量应比实际参配的种鸡高出3%~5%。

1）母山鸡的体型外貌特征：符合品种特征，基本要求为身体匀称、发育良好、活泼好动、觅食力强、头宽深、颈细长、喙短而弯曲、胸宽深而丰满、羽毛紧贴有光泽、尾发达且上翘、肛门松弛且清洁湿润，以及体大、腹部容积大、两耻骨间的距离较宽。

2）公山鸡的体型外貌特征：符合品种特征，基本要求为体型匀称、发育良好、姿态雄伟、脸色鲜红、耳羽簇发达、胸宽而深、背宽而直、羽毛华丽、两脚间距宽、站立稳健、体大健壮、雄性特征明显、性欲旺盛。

（3）成年山鸡的选择 种山鸡在完成一个产蛋周期后，有时因育种或某些特殊原因，需进入第2个产蛋周期的生产，此时应对原有种山鸡群进行一次选择，选留数量应比实际需要高出10%

25

左右；然后在下一个产蛋周期开产前再选一次，选留的数量应比实际需要量高出3%～5%。此时，公山鸡与母山鸡体重和外貌特征的选择标准与后备种鸡基本相同，但种母山鸡还应关注换羽和颜色两个要素。

1）换羽：种母山鸡在完成一个产蛋周期后，必须要更换一次羽毛。种母山鸡更换羽毛的速度与产蛋性能有着非常紧密的关系。研究发现，低产母鸡换羽早，并且一次只换一根；而高产母鸡往往换羽晚，并且经常是2～3根一起换且同时长。因此，选择时应选留换羽时间晚、速度快的种母山鸡。

2）颜色：一般情况下，母山鸡在肛门、喙、胫、脚、趾等表皮层含有黄色素，母鸡产蛋时，这些部位的表皮颜色会逐渐变浅，而母鸡产蛋越高，则褪色越重。因此，选择时应选留褪色重的母山鸡。

2. 根据生产性能记录成绩选择

生产性能记录成绩主要有早期生长速度、体重、体尺、屠宰率等生长指标，以及产蛋量、蛋重、受精率、孵化率、育成率等繁殖指标。这种选择方法适用于山鸡育种场，一般可通过系谱资料本身成绩、同胞兄妹生产成绩及后裔成绩等几个方面进行综合评价。

（1）根据系谱资料选择　通过查阅雏山鸡和育成山鸡的系谱，比较它们祖先生产性能的记录资料来推断它们的生产性能，这对于还没有生产性能记录的母山鸡或公山鸡的选择具有特别重要的意义。在实际运用中，记录成绩的山鸡血缘越近则影响越大，因此，一般只比较父代和祖代的相关记录。

（2）根据自身成绩选择　种山鸡本身的成绩充分说明每一个个体的生产性能，比系谱选择的准确度要高得多。因此，每一个育种场都必须做好个体各项生产性能测定记录工作，为准确选种提供依据。

（3）根据同胞兄妹生产成绩选择　根据同胞兄妹生产成绩选择是一种选留种公山鸡时最常用的方法，由于种公山鸡同胞兄妹具有共同的父母（全同胞）或共同的父或母（半同胞），在遗传上有很大的相似性，因此，利用它们的平均生产成绩即可判定种公山鸡的生产性能。实践证明，这种选择方法具有很好的效果。

（4）根据后裔成绩选择　采用根据后裔成绩选择方法选出的种山鸡肯定是最优秀的，所选种山鸡的遗传品质也肯定能够稳定地传给下一代，而以上其他三种方法所选出的优秀种鸡的遗传品质是否能够稳定地传给下一代，也必须通过这一方法进行鉴定。因此，这种选择方法是根据记录成绩进行选择的最常用的形式。但采用这种方法鉴定的种山鸡年龄往往在 2.5 岁以上，可供种用的时间已经不多，在种鸡的育种中使用很少，但可利用它建立优秀的家系。

四　山鸡的选配

选配的目的就是有计划地选取公山鸡、母山鸡，使之组群交配、繁殖所需的后代，而且通过选配，可以起到使后代中基因的纯合型或杂合型减少或保持不变的作用，从而不但可以保持和巩固山鸡的优秀性状，而且还可以通过基因的分离和重组产生更优秀的性状。

目前，生产中常用的选配方法有品质选配和亲缘选配两种。

1. 品质选配

品质选配就是按照参与繁殖的公山鸡与母山鸡的品质进行选配，包括同质选配、异质选配和随机选配 3 种。

（1）同质选配　选择性状相同、性能表现一致的优秀公山鸡与母山鸡进行交配的方法称为同质选配。这种选配可以增加后代基因的纯合型，使双亲共同的优良性状能够稳定地遗传给下一代，并使其得到巩固和提高。因此，为保持原有品种固有的优良性状，或者在杂交育种中能及时固定出现的理想型，必须采取同质选配。

（2）异质选配　将性状不同或虽然为同一性状但表现不一致的公山鸡与母山鸡进行交配的方法称为异质选配。这种选配方法可以增加后代基因杂合型的比例，降低后代与亲代的相似性，使后代群体的生产性能比较一致。例如，选择产蛋量大的母山鸡与体型大、产肉率高的公山鸡交配，可将两个个体的优良性状结合起来，获得兼有双亲不同优点的后代，从而使山鸡群在这两个性状上都得到提高。

(3) 随机交配　随机交配是一种不加以人为控制，让公山鸡与母山鸡自由随机交配的选配方法。这种选配方法能够保持群体遗传结构和后代中基因频率不变，其生产形式为大群配种，但这是一种在选种基础上的配种，不等于无计划的配种。

2. 亲缘选配

亲缘选配是指按照参与繁殖的公山鸡与母山鸡的亲缘关系的有无和远近来进行选配的方法，包括近亲交配和非亲缘交配。

但从生产角度来说，应尽量避免近亲交配，以免使品质退化。但近亲作为一个交配制度和育种措施，在育种上是一个不可缺少的方法，只要掌握适当和应用得当，完全能够获得理想的效果。

五　山鸡的育种方法

常用的山鸡育种方法包括纯种选育和杂交育种两大类。

1. 纯种选育

纯种育种是指在同一品种（系）内进行选育，以获得纯种的育种方法。这种方法对加强山鸡种群的遗传特性和巩固生产力是稳定可靠的。

纯种选育的常用方法有 3 种：

(1) 家系育种法　采用小间配种法，每小间放一只公山鸡和12 ~ 15 只母山鸡形成一个家系，采用系谱孵化并记录。育成期结束后，对每个家系分别选种，对性状表现好的家系进行扩繁，形成优良家系，然后封闭血缘，进一步选育，形成具有一定特点的品系。也可以根据育种目的，采用近亲交配的方法组成家系进行选育，把优良性状固定下来。

采用家系育种时，最好所用供选家系不少于 20 个，这样经 3 ~ 5 世代后就可形成具有一定特性的优良家系，再经 6 ~ 8 世代的封闭选育，就可形成新品系。

（2）系组建系育种法　首先在原始群中选出最好的种公鸡作为系祖，之后采用温和的近交（堂表兄妹），使后代都含有同一系祖的血缘，形成具有同一系祖特点的群体，然后固定下来，并不断遗传下去，形成新品系。

（3）群体继代选育法　家禽采用的最普遍的育种方法为群体继代选育法。

1）基础群建立：按照建系目标，把具有品系所需要的基因汇集在基础群中。基础群的建立方法有两种：一种是单性状选择，即选出某一突出性状表现好的所有个体构成基础群；另一种是多性状选择，不强调个体的每一个性状都优良，即对群体而言是多性状选留，对个体而言只针对单性状。基础群应有一定数量的个体，如果基础群中个体的数量少，除了降低选择强度，还会导致近交系数上升，从而导致群体衰退。

2）闭锁繁育：在基础群建立后，必须对山鸡群进行闭锁繁育，即在以后的世代中不能引入任何其他血缘的山鸡，所以，后备鸡都应从基础群后代中选择。闭锁后即使不是有意识地采用近交，山鸡群的近交系数也自然上升。这意味着会使基础群的各种各样基因通过分离而重组，并逐步趋向纯合，再结合严格的选种，就可以使存在一定差异的原始基础群，经过 4 ~ 6 个世代的选育，转变成为具有共同优良特性的山鸡群。由此可见，近交是建立群系必不可少的一种手段。

闭锁群内各个体间的具体选配应采用随机交配，避免有意识的近交。近交程度过高，生活力衰退的危险性更大，同时近交进展快，会使基因分离时各种可能的基因组合不能全都表现出来，特别是基础群较小时，更有可能使群体丧失一些有益的基因。相反，随机交配时，基因组合的种类较人为个体选配时多，使各种基因都获得表现的机会，为充分发挥选种的作用创造了前提。

第四章　山鸡的繁育

3）严格选留：

① 每一世代的后备山鸡尽量争取集中在短时期内产生，并都在同样的饲养管理条件下成长和生产，然后根据本身和同胞的生产性能等进行严格的选种，代代如此，而且选种标准和选种方法代代保持一致，所以称之为继代选育法。使基因型频率朝着同一方向改变，使变异积累而出现基因型和表型的显著变化。由于饲养管理条件相同，大大提高了选择的准确性。

② 山鸡的选留，要按它们的生长和生产阶段进行，但应使各阶段的选择强度尽量随年龄的增大而加大。

③ 缩短世代间隔，加速遗传进展。为了缩短世代间隔，山鸡一般采用本身生产性能测定和同胞测定，选育必须在保证子代优于上代的前提下进行，这样才能加速遗传改良速度。一定要以提高选种准确性为基础。

2. 杂交育种

采用两个或两个以上品种或品系的公山鸡与母山鸡进行交配，并对后代开展进一步选育的方法称为杂交育种。杂交育种是培育优秀新品种的一条非常重要的途径，也是改良低产山鸡群和创造新类型的重要手段。

(1) 开展杂交育种应具备的条件 开展杂交育种应具备的条件包括以下几点：

1）杂交的双亲应有较大的异质性，这样容易获得超越双亲的生产性能或经济性状。

2）选配公山鸡的生产性能应有突出的优点，并且体质结实、体型外貌良好、健康无疾病。

3）被改良者必须有一定数量的母鸡群，并且在繁殖力等方面具有优良的品质。

4）具有优良的设施条件和管理水平，以保证杂交后代的优良性状得到巩固和发展。

5）严格选择杂交后代，因为杂交后代的变异性较大，易出现分离现象，只有严格选择，才能达到预期效果。

6）适时控制杂交程度，当杂交后代中出现理想个体后，应及时进行固定，加强选育。

（2）杂交育种的方法　由于杂交的目的不同，山鸡的杂交育种主要有育成杂交、导入杂交和经济杂交3种方法。

1）育成杂交：选择两个或两个以上品种（系）的山鸡进行杂交，然后在后代中进行选优固定和加强培育，育成一个生产性能高、符合经济需要的新品种。而这些后代具有的优良性状的固定多以闭锁群选育为主，不得引进其他血缘，也不得近交。

2）导入杂交：导入杂交又称改良性杂交，是指原有品种的某些性状，主要是经济性状存有缺点，而另一品种山鸡的这个性状却很优秀，这时选用另一品种山鸡来改善原有品种山鸡性状的育种方法。

3）经济杂交：经济杂交就是利用山鸡不同品种（品系）之间杂交所产生的杂种优势，使其后代的生活力、生产性能等方面优于纯繁的亲本群体，从而获得更多更好的产品。经济杂交可分为二系杂交、三系杂交和四系杂交3种杂交模式。

二系杂交就是两个不同品系的杂交，其后代既可用于商品生产，也可作为三系、四系杂交的素材。

很明显，二系杂交是最简单和快速的生产商业产品的方法，杂交选择的品系能保护双亲群体的某些选择性状。例如，如果期望肉用型山鸡，用肉用性状优秀的公山鸡品系和产蛋好的母山鸡品系杂交，以便在杂交种中维持好的产蛋和受精率水平，如图4-3所示。

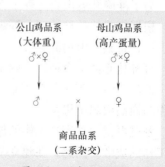

图4-3　两个不同性状选择的杂交系

三系杂交就是用二系杂

交的后代与第三个品系杂交，产生的后代直接用于生产。其特点是杂交优势比二系杂交更强大。

四系杂交就是用四个不同品系先进行两两杂交，所得到的两个后代再杂交，成为具有四个品系特点的后代，如图 4-4 所示。这种杂交方式由于使用的品系较多，遗传品质更完全，杂种优势更大。采用四系杂交生产期望的商业产品，父系选择体重大和羽速生长快的公山鸡，母系选择产蛋量高和性成熟早的母山鸡。四系杂交的产品是一种合理的有利于繁殖性状的大群鸡。

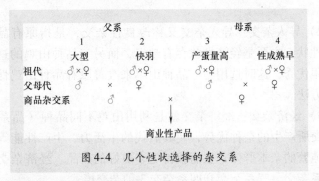

图 4-4　几个性状选择的杂交系

六　山鸡育种技术

1. 建立育种核心群和基础群

为了准确开展山鸡育种工作，种山鸡基础群在经过普遍鉴定后，根据山鸡的品种类型、等级、选育方向等要求，开展分群整理工作，将整个山鸡群分成育种核心群、生产群和淘汰群。

育种核心群是育种工作的基础，它们是最优秀的种鸡，一般占全群的 20% ～25%。生产群一般用于生产商品山鸡，而淘汰群只作为商品山鸡出售。

基础群是山鸡育种工作的原始材料，它的优劣关系到山鸡育种工作的成败。因此，在建立基础群时应注意下面几个问题：

（1）**基础群个体的来源**　根据不同的育种目标和方向，可以通过两种途径建立基础群：一是从本品种选育山鸡群中选择最理想的个体；二是从二系或三系杂交的后代中挑选符合育种要求的个体。

（2）基础群的个体要求　选入基础群的个体，应事先经过鉴定，各方面性状较好，符合育种的方向要求或具有突出特点而没有遗传疾病。

（3）基础群规模的大小　基础群规模的大小应以能满足育种工作的最低需要为度。例如，要建立一个基础山鸡群，公山鸡与母山鸡的比例是 1∶5，则最少需要 5 只公山鸡和 25 只母山鸡。

2. 种鸡编号

种鸡编号是育种的一项重要工作，其作用是便于查阅系谱和记录生产性能等资料。

种鸡编号有翅号、脚号和肩号 3 种方法。翅号应戴在出壳后雏鸡右侧尺骨与桡骨之间的翼膜上；编号的方法一般为 5 位号码，前两位为公鸡编号，第 3 位为与配母鸡编号，第 4 位和第 5 位留种雏鸡号。脚号和肩号则应分别放于成年种山鸡的左胫和右肩上。

3. 育种记录

对每日产蛋量、个体系谱、生长、饲料消耗和死亡率的统计记录，是良好管理的重要部分，是培育优良品系的基础。因此，必须完备各种育种记录表格，便于及时记录相关情况和资料，总结和分析山鸡的生产性能，确保育种工作的顺利进行。

开展山鸡育种的记录表格可多种多样，但必须具有产蛋记录表、系谱孵化记录表、雏鸡编号表、体重记录表、家系记录表、死亡记录表、配种计划表、种鸡卡片等。

4. 生产性状测定

生产性状测定主要是指对蛋用性状、肉用和生长性状及繁殖性状 3 个方面的测定。

（1）蛋用性状　蛋用性状包括开产日龄、产蛋量、蛋重、蛋色和蛋品质等。

1）开产日龄：个体开产日龄以每只母山鸡产第一个蛋的日龄做记录；群体开产日龄以该群山鸡达到 5% 产蛋率的日龄做记录。

2）产蛋量：将每天群体产蛋数记录在产蛋记录表中，主要用于繁殖场。计算方法有入舍母山鸡产蛋量和母山鸡饲养日产蛋量。

母山鸡饲养日产蛋量是指统计期内的总产蛋量除以平均日饲养母山鸡数。

入舍母山鸡的产蛋量是总产蛋量除以入舍母山鸡数。这种计算方式的产蛋量低于前一种计算方法，但可反映山鸡群的管理和遗传育种情况。

个体产蛋量的测定主要用于育种场，一般采用单笼饲养或自闭产蛋箱就可准确记录每只种鸡的产蛋量。在核心群自繁留种时，应在每个蛋的钝端记上公鸡号、母鸡号，并同时记入个体产蛋记录簿中。

3）蛋重：

① 平均蛋重：个体记录的育种群每只母山鸡连续称 3 个以上蛋的重量，求平均重，上海红艳山鸡孵化专业合作社个体蛋重测定时间为 38 周龄；群体记录连续称 3 天的产蛋总重，求平均重，规模化山鸡场按日产蛋量的 2% 以上称蛋重，求平均重。

② 开产蛋重：母山鸡产的第一枚蛋的重量。

4）蛋品质：在 40 周龄测定，测定应在产出后 24 小时内进行，每项指标测定蛋数不少于 30 枚。测定指标主要有蛋形指数、蛋壳强度、蛋壳厚度、蛋黄色泽、蛋壳色泽、哈氏单位、血斑和肉斑率。蛋壳色泽进行个体测定时，应安排在测定个体蛋重时进行，根据蛋壳色泽的深浅，可分为 5 级进行个体评定。在选种时，可以对蛋壳色泽最浅级别的母山鸡采用独立淘汰法，不能留种。

（2）肉用和生长性状 肉用和生长性状包括以下几项内容：

1）生长速度：山鸡达到上市体重日龄越小，饲料报酬越高，因此，山鸡的早期生长速度就成为肉用山鸡的重要经济性状。不同品种的生长速度不同。生长速度遗传力较高，经选择后容易得到改进。

2）体重：体重反映山鸡的发育和健康状况，是产肉量的重要标志，与蛋重成正相关。应加强育雏育成期的体重管理。体重通过个体选择可以收到明显的效果。

① 初生重：雏山鸡出生后 24 小时内的重量，以克为单位。

抽样称重时随机抽取 50 只以上雏山鸡，个体称重后计算平均重。

② 活重：山鸡断食 12 小时的重量称为活重，以克为单位（见彩图 13）。

3）体尺：除胸角用胸角器测量外，其余均用卡尺或皮尺测量，单位以厘米计，测量值取小数点后 1 位。

① 体斜长：体表测量肩关节至坐骨结节间的距离。

② 龙骨长：体表龙骨突前端到龙骨末端的距离。

③ 胸角：用胸角器在龙骨前缘测量两侧胸部角度。

④ 胸深：用卡尺在体表测量第一胸椎到龙骨前缘的距离。

⑤ 胸宽：用卡尺测量两肩关节之间的体表距离。

⑥ 胫长：从胫部上关节到第三、第四趾间的直线距离。

⑦ 胫围：胫部中部的周长。

4）屠宰率：屠宰率是产肉率的重要指标。山鸡宰前禁食 12 小时后称重为宰前体重，然后放血、去羽毛、脚角质层、趾壳和喙壳后的重量为屠体重。用屠体重除以宰前体重，即得屠宰率。

（3）繁殖性状 种蛋的受精率和孵化率是反映山鸡繁殖性能的两个重要指标。

1）受精率：受精率是指对种蛋照检后，将受精蛋数除以入孵种蛋数的百分比。

2）孵化率：

① 入孵蛋孵化率：入孵蛋孵化率是指用出雏数除以入孵种蛋数的百分比。

② 受精蛋孵化率：受精蛋孵化率是指用出雏数除以受精蛋数的百分比。

5. 系谱孵化技术

系谱孵化是山鸡育种场进行品系育种时的重要技术，实施系谱孵化时应做好以下几个方面的工作：

1）采用自闭产蛋箱或单笼饲养方式收集种蛋，同时用记号笔在种蛋上进行编号，并注明父号、母号和配种间号。

2）入孵前依父系或母系分别在系谱孵化表中进行种蛋孵化

第
四
章

山
鸡
的
繁
育

号、父母号和种蛋等登记。

3）落盘时，按母系装入出雏笼或出雏袋中出雏，并做好标识，以免混淆。

4）出壳羽毛干后，雏山鸡称重、戴翅号，并详细记入系谱孵化表中。

第二节 山鸡的配种

一 配种日龄与公母比例

1. 配种日龄

种山鸡参加配种的日龄因生产需要而定。一般情况下，在地面平养时，母山鸡在开产前2周与种公山鸡合群配种，笼养时，产蛋率达到50%时，开始对公山鸡进行调教和人工采精，母山鸡产蛋量以第一个产蛋周期为最高，以后基本上每个周期逐步递减，因此，生产群种山鸡一般只用第一个产蛋周期的种山鸡参加配种，但第二个产蛋周期的母山鸡所产种蛋的蛋重较大，种蛋孵化率和育雏成活率也较高。有的养殖场也进行第二个产蛋周期的生产。育种群种山鸡场有时为了鉴定种山鸡的生产性能，可使用超过两个生产周期的种山鸡。特别优秀的种山鸡，其使用年限还可更长一些。

种公山鸡的使用年限也因生产和育种的区别而有所不同，一般生产群种山鸡，公山鸡使用1~2年均可，但考虑成本原因，以使用1年的公山鸡较普遍，而育种群种山鸡的公山鸡有的因特殊需要，可连续使用2年。

2. 公母比例

合适的公母比例可保证种蛋有较高的受精率。国外资料证明，公母比例1∶12和1∶18，其种蛋受精率没有明显差异；公山鸡与母山鸡交配后，10天之内的最高受精率可保持在90%以上。目前，美国采用的配种比例为1∶（4~10），而国内种山鸡场的配种比例为1∶（4~8），一般开始为1∶4，随着无配种能力公山鸡的不断淘汰，至配种结束时的比例为1∶8，并且仍可获得较高的受精率。

不同的配种方法，其公母比例也有所不同，一般大群配种时为1∶6，小间配种时以1∶（8～10）效果最好，人工授精公母比例为1∶（20～30）。

二 配种方法

目前，常用的山鸡配种方法有大群配种、小间配种和人工授精3种。

1. 大群配种

大群配种是目前种山鸡场普遍采用的配种方法，就是在数量较大的母山鸡群内按1∶（4～6）的公母比例组群，自由交配，群体大小以100只左右为宜，让每只公山鸡与每只母山鸡均有随机的配种机会。

这种配种方法具有管理简便、节省人力，以及受精率和孵化率均较高的优点。缺点是系谱不清，只能用于生产，不能用于育种。

2. 小间配种

小间配种是山鸡育种场常用的配种方法，就是将一只公山鸡与4～6只母山鸡放在小间配种。如果要确知雏鸡父母，则必须将公山鸡与母山鸡戴上脚号，并设置自闭产蛋箱，在母山鸡下蛋后立即拣出记上母鸡号；如果只考察公山鸡性能，仅将公山鸡戴脚号，种蛋上只记公山鸡脚号。

这种方法管理上比较麻烦，而且如果公山鸡无射精能力，整个配种群所产种蛋将无精，损失较大。

3. 人工授精

山鸡的人工授精能充分利用优良种公山鸡的配种潜能，育种场和生产场都可应用，受精率可达90%以上。

山鸡的人工授精主要包括采精与输精两部分，公山鸡和母山鸡均笼养。

（1）采精 山鸡采精一般都采用按摩法，分为抓鸡训练、调教与采精及精液品质鉴定3个步骤。

1）抓鸡训练：在训练开始后，饲养员每天多次进入鸡舍，

靠近鸡笼并抚摸鸡体，待公山鸡习惯后，开始抓鸡训练。

抓鸡时要求饲养员动作要轻、温和，使被抓的公山鸡逐渐习惯这些动作。

2）调教与采精：采精需要两个人，一个人保定山鸡，另一个人采精，为了轻松采精，在正式采精之前，对公山鸡调教几次。在调教期间，去除肛门周围区域的羽毛，轻轻地按摩公山鸡的腰骶区（低背部）。用右手的手掌按摩公山鸡，公山鸡的头夹在操作者的右臂下，采集精液的人一般站在鸡的右侧（如右手操作），用按摩公山鸡尾部的方式刺激生殖勃起组织，使其勃起，此时泄殖腔操作就可开始，采精人员左手放在泄殖腔口的上方位置，手掌压迫尾巴向上（背部上方），用左手的大拇指和食指外翻勃起组织，挤压勃起的乳状突，使精液进入采精杯。同时，利用右手压迫泄殖腔区的下面，协助输精管外翻，精液收集到杯子中。平均每只公山鸡的精液量为 0.1～0.33 毫升，为了获得最大的受精率，精液的储存不能超过 30 分钟。公山鸡每隔 1 天采精一次或连续 2 天采精后休息 1 天。

很明显，要想采集优质的精液，需要更多的实践操作。在挤压泄殖腔时力度是非常重要的，不要太过用力，避免对皮肤损伤；另外，过重挤压也能引起出血，还会污染精液。污染物如尿、粪和血，极大地影响精液的受精能力，在采精前几小时，通常料槽中不添加饲料，有助于防止污染。

3）精液品质鉴定：完成采精后，应对公山鸡的精液品质进行鉴定，包括颜色、活力、pH 等。

正常的公山鸡的精液为乳白色，pH 为 7.1～7.2，每毫升精液含精子 20 亿～30 亿个。

精液的质量可通过显微镜下观察精子的密度、活力和畸形率来确定。

（2）输精 保定人员在母山鸡的肛门上下轻轻地压迫以引起输卵管口外翻，让输精器轻轻地输精，深度约 2 厘米。精液慢慢地输入输卵管，释放手指压力，输精器从输卵管中慢慢地移出。

输精器必须轻轻地插入输卵管，以避免刺破输卵管壁。输精完成以后，轻轻地放下母山鸡，以免使母山鸡紧张而导致精液流失。

山鸡要获得高受精率，用0.025~0.05毫升未稀释的精液是适当的。山鸡受精率最大的持续期为7~14天。

母山鸡最佳的输精时间是子宫中没有硬壳蛋，通过轻轻地压腹部就能确定。

母山鸡开始输精时，先连续输精2天，然后每间隔4~5天输精1次，每次从采精到输精完成的时间不超过30分钟。

三 精液的储存和稀释液

公山鸡的精液必须在30分钟内给母山鸡完成输精，精液稀释液对于延长精子的生命力、降低密度和延长储存时间是非常重要的。一般精液稀释液可使精液储存24小时以上。

山鸡精液稀释液的应用还没有相应的研究，但家禽上开发的几种精液稀释液同样也可以用到山鸡上。

两种普通稀释液包括美国农业部实验室由T. J. Sexton（1977）开发的及由爱丁堡研究人员P. E. Lake博士开发的精液稀释液，这些稀释液的配方分别见表4-1和表4-2，用稀释液和精液按1:1稀释。

当只需要少量精液时，不必使用稀释液，用1%的生理盐水按1:1稀释精液就可以，以确保足够的液体输入母山鸡体内，但稀释的精液必须马上输精。

表4-1　Beltsville家禽精液稀释液的配方

组　　成	用　　量
焦磷酸钾（$3H_2O$）	12.70 克/升
谷氨酸钠	8.67 克/升
果糖（无水）	5.00 克/升
乙酸钠（$3H_2O$）	4.30 克/升
Tes[①]	1.95 克/升
柠檬酸钾	0.64 克/升
磷酸氢二钾	0.65 克/升

（续）

组　成	用　量
氯化镁（6H$_2$O）	0.34 克/升
渗透压	333 帕
加蒸馏水到 1 升，pH 调至 7.5	

① Tes 为三羟甲基甲胺基乙磺酸。

表 4-2　鸡精液稀释液的 Lake 配方

组　成	用量/（克/升）
乙酸钠（无水）	5.1
柠檬酸钾（磷酸氢二钾，H$_2$O）	1.280
乙酸镁（4H$_2$O）	0.800
谷氨酸钠（磷酸氢二钠，H$_2$O）	19.200
果糖	6.000
加蒸馏水到 1 升，pH 调至 6.8	

四　影响公山鸡受精的因素

1. 环境因素

（1）温度　高温影响公山鸡的活动量和采食量，从而降低公山鸡的受精率。一般认为高温直接影响下丘脑—垂体—性腺路径。青年公山鸡适宜的温度应为 20~25℃。

（2）光照　影响受精的主要环境因素是光照期，最佳性欲反应要求每天光照 12 小时以上。

（3）年龄　精液的质量和数量是由公山鸡的年龄决定的，一般第二年以后下降。如果山鸡周期性生产每年至少 2 次，精液数量和质量可在第三个生产周期后下降。

（4）营养　蛋白质和碳水化合物的缺乏影响受精率。维生素 E 和必需脂肪酸的缺乏也可影响精液的质量和数量。

（5）季节变化　当春季转向夏季时，受精率下降，这种下降可能与温度的升高或公鸡性能的降低有关。

2. 行为

青年公山鸡一天交配母山鸡 10~30 次是有效的，而在公山鸡中过度竞争，交配频率过高，精液质量和数量可能遭受损害。然而，育种配种的山鸡应控制公山鸡与母山鸡的比例。

在鸡群中，母山鸡的群体秩序影响公山鸡的生产性能，公山鸡与中间等级的母山鸡群的配种频率更多，在较低或较高等级鸡群体的配种频率较少。

3. 遗传

配种行为是一种数量遗传性状，雏鸡体重似乎对性能起重要作用，高产肉量的山鸡配种较少，具有较低的配种成功率。

受精率也是遗传性状，山鸡的有些品种比其他种类具有更好的受精率。

第三节　山鸡的孵化技术

一　蛋的形成

当母山鸡接近性成熟时，卵巢迅速扩大，未发育的卵子开始快速发育。卵巢内有发育程度不同的卵泡，卵泡的发育是由脑垂体释放的卵泡生成激素和黄体生成激素控制的。山鸡的卵子大约810天达到成熟。

当卵子达到成熟时，覆盖在卵泡膜的血管收缩，膜破裂，释放卵子进入体腔中呈喇叭状的输卵管内。成熟的未受精卵子为单倍染色体，受精后恢复为双倍体细胞。受精发生在输卵管上的起始端，发育在受精以后马上开始，这时胚珠位于卵黄的表面，分解为2个细胞，这些细胞不断分裂增殖直到产蛋，到产蛋的时候通常完成了原肠胚，有的可能形成了20000个细胞。

排卵以后，输卵管的上端（漏斗状）很快吞入卵子（卵母细胞），卵子在漏斗部停留约15分钟，在这里由专门的细胞分泌蛋白，为第一层蛋白，很浓稠呈凝胶似的分泌物，在漏斗的颈部沉积到卵上。当卵下移到膨大部时，更多的蛋白沉积形成一系列的同心蛋白层，当卵进入输卵管的峡部，蛋白浓度约为最终浓度的2倍，但仅是蛋白总量的一半。卵穿过峡部期间，另有一些蛋白通过管腺在蛋壳膜形成前沉积到卵上，在蛋壳腺（子宫）可见蛋白的分层。卵的旋转形成系带，系带由系带层的黏蛋白纤维组成，系带形成期间，液体蛋白被挤压形成内稀蛋白层。发育的卵在蛋壳腺中停留的时间最长，水和无机物添加到蛋白中，蛋壳成分约98%为碳酸钙，2%为蛋白质，水和无机盐通过漏斗形的小孔（7000～17000 个/枚）渗入蛋壳，蛋壳常有角质层覆盖。从卵发育开始大约25 小时产蛋。

二 种蛋管理

孵化出满意的健康雏鸡主要依靠种鸡的正确管理（包括光照、营养和疾病控制）及种蛋的适当处理和孵化等。

1. 种蛋的选择

最好的孵化率来自山鸡高的产蛋率，通常产蛋初期的蛋不能与产蛋高峰期的蛋一起孵化。一般根据蛋形选择种蛋，蛋壳表面应该是完好的（没有裂缝）、不粗糙的。

通过照蛋，发现气室模糊或漂浮，以及有血斑或肉斑的蛋不应该孵化。蛋壳粗糙可导致低孵化率，这主要是因为蛋壳厚度明显降低。已有研究发现，新城疫、传染性支气管炎和禽脑脊髓炎等疾病，会影响蛋的内外质量，这些疾病暴发期间，母鸡所产的蛋，或蛋壳薄，或白色蛋壳，或气室移动和漂浮，胚胎可能已经携带这些疾病的病原，所以这样的蛋也不能孵化。因此，种蛋选择时应注意以下几点：

> ● 【提示】 尽量选择2 周以内的种蛋，要求蛋形正常，大小适中，蛋壳厚薄均匀，颜色协调一致。

（1）种蛋的来源 种蛋必须来源于健康、高产的种山鸡群，要求种山鸡必须净化新城疫、传染性支气管炎和禽脑脊髓炎等疾病；外地引进种蛋必须有相关引种证明和动物检疫证明，并查明种蛋的来源。

（2）种蛋的品质 种蛋越新鲜，浓蛋白比例越高，种蛋品质越优良，孵化效果越好。因此，一般以产后一周内的种蛋入孵较为合适，而以3~5天为最好，种蛋保存时间越长，则孵化率越低。

（3）外观检查　种蛋应大小适中，过大或过小的种蛋都会造成孵化率降低或雏鸡弱小。所以，应选择符合蛋重标准的种蛋，一般适于孵化的种蛋重应为25~35克。

（4）种蛋的形态　种蛋以蛋形为卵圆形、蛋形指数为72%~76%为最好，蛋形过长或过圆会使雏鸡出壳发生困难。另外，蛋壳异常的种蛋应全部剔除。

（5）蛋壳的颜色　相关试验证明，种蛋颜色与胚胎死亡率有显著关系，褐色和橄榄色等深颜色种蛋的孵化率显著高于灰色、蓝色等浅颜色种蛋。因此，种蛋选择时，应以褐色和橄榄色等深色种蛋为佳。

2. 种蛋的清洁和消毒

有些孵化场的管理人员更愿意采用消毒剂熏蒸的方式来消毒，因为这样容易、快捷，可通过雇用劳动力精确完成，还有残剩的消毒剂物质仍然保留在蛋壳上以抵抗污染物。如果有适当的设备，通过正确的操作，可有效地清洁种蛋（见图4-5）。但是，如果水温低于推荐温度，或者污染物超过浸泡清洗机中消毒剂的剂量，清洗则会引起鸡蛋污染。

图4-5　种蛋的清洗

清洗用水的水温必须比鸡蛋的温度高，推荐范围为43~49℃，必须含有清洁剂。鸡蛋清洗机不能利用循环水，如果应用浸泡或蓄水型清洗机，水必须不断更换，每升液体不能清洗超过 50 枚蛋，浸泡时间不应超过 3 分钟。

> ⚠️ 【注意】 放到蛋盘或箱中以前，蛋应彻底干燥，大头向上。

未清洁的种蛋容易附带有害微生物，影响孵化效果及育雏成活率，而种蛋消毒是杀死有害微生物的最有效方法，一般在种蛋产出后 30 分钟内和种蛋入孵前分别进行一次消毒。

对种蛋熏蒸或对空的孵化箱和出雏箱熏蒸，每立方米用 28 毫升甲醛（福尔马林）和 14 克高锰酸钾，温度大约为 32℃，湿度为 45% ~46%。将陶瓷容器放在孵化箱或空气入口附近，将量好的福尔马林倒入高锰酸钾中并关门，熏蒸 20 分钟后再将气体排出室外。在入孵和设备使用前后熏蒸种蛋，相关要求见表 4-3。严重污染时，应将熏蒸浓度增加至正常的 3 倍。

表 4-3 甲醛熏蒸浓度

熏 蒸 对 象	熏蒸的浓度[1]	熏蒸的时间[2]/分钟
种蛋（孵化前）	3X	20
孵化中种蛋（仅第 1 天）	2X	20
孵化室	1X、2X	30
出雏器（两次出雏之间）	3X	30
出雏室、雏鸡存放室（两次出雏之间）	3X	30
清洗室	3X	30
苗雏盒	3X	30

[1] 1X 为 14 毫升福尔马林与 7 克高锰酸钾混合液。
[2] 甲醛溶液（福尔马林）是有毒溶液，应按照容器标签上的说明使用。当熏蒸时，工作人员戴好护目镜、口罩，穿长袖衫，戴防湿手套，确保熏蒸室与室外通风。

三 种蛋保存

种蛋保存时间及环境条件对种蛋品质影响很大。

1. 保存时间

种蛋保存时间的长短对孵化率有很大影响，原则上种蛋在孵化前的保存时间最好不超过 7 天，而且保存时间越短越好。如果保存条件适宜，可适当延长保存期，但不能超过 2 周。如果种蛋需要存放 2 周以上，较新鲜的蛋和较陈的蛋连同一起入孵，较陈的蛋需要增加孵化时间，应该预孵，存放 3 周的蛋要求增加大约 18 小时的孵化时间。

2. 保存温度

最新研究结果认为，山鸡胚胎发育的临界温度为 20℃，高于这一温度，鸡胚开始发育。种蛋的保存温度与保存时间成负相关，实践证明，当种蛋保存期小于 1 周时，保存温度以 15℃ 左右为宜；保存期在 1~2 周时，保存温度以 12℃ 左右为宜；当保存期超过 2 周时，则保存温度以 10℃ 为宜。

保存温度 27℃ 以上引起细胞持续以非正常的速度分裂，影响鸡蛋的质量和引起畸形，特别是大脑和眼睛区域，从而降低孵化率。保存在 0℃ 将影响鸡蛋，并导致蛋壳破裂。即使温度在稍微超过 0℃，3 天以后孵化率也会急剧降低。一般孵化率与温度和保存时间的长短有关，温度稳定在 13℃，孵化能力将保持最长时间；保存在 16~26℃，孵化率将下降。

> ◯ 【提示】 如果保存温度比正常的温度高或波动大，鸡蛋必须尽快入孵。鸡蛋对温度的敏感性极大，应该每天收集几次，特别是在夏天 27℃ 以上或非常冷的天气（接近或低于冰冻）。

3. 保存湿度

种蛋保存环境湿度的高低，会影响蛋内水分的蒸发速度，湿度低则蒸发快，湿度高则蒸发慢。而要保证种蛋的质量，就应尽量减缓种蛋的水分蒸发，最有效的方法就是增加种蛋保存环境的湿度，一般以相对湿度 75%（温度 15℃ 时）为宜。湿度不应太高，否则，当将种蛋重新移入孵化室时会出汗，蛋壳上的水分会被吸入蛋内，从而带入表面的细菌。

4. 位置和翻蛋

种蛋通常放在开放的平台、蛋架或沙地上。研究表明，种蛋通过小头朝上的保存方法可以提高孵化率。如果蛋保存 2 周以内，并在较冷的恒温室，则不要求翻蛋；若蛋保存超过 2 周，则从蛋保存开始就应翻蛋，每天翻蛋 1 次。

四 种蛋运输

种蛋运输的总体原则是将种蛋尽快、安全地运到目的地。

1. 种蛋的包装

1）采用特制的压模制造种蛋箱，箱内分成多层（盒），每层（盒）又可分成许多小格，每格放一枚种蛋，以免相互碰撞。

2）采用纸箱或木箱包装，箱内四周用瓦楞纸隔开，并用瓦楞纸做成小方格，每格放一枚种蛋。也可用洁净而干燥的稻壳、木屑等作为垫料来隔开和缓冲种蛋。

3）种蛋包装时应注意大头朝上。

2. 种蛋运输方式与条件

（1）运输方式 长距离运输时首选飞机，较近距离运输时可使用火车或汽车。

（2）运输条件 温度最好在 18℃左右，湿度在 70% 左右。

> ⚠ **【注意】** 种蛋应轻装轻放，避免阳光暴晒，防止雨淋受潮，严防强烈震动。种蛋到达目的地后，应尽快拆箱检验，经消毒后尽快入孵。

五 孵化厂

从一个小房间到现代化的孵化厂，各个孵化厂的规模和质量差异很大。要想孵化成功，首先依靠详细的计划，其次应维持良好的环境卫生，同时，孵化厂设备也是非常重要的因素。

1. 结构

理想的情况是孵化厂内孵化、出雏、鸡蛋清洁和储存相分隔。种蛋清洗室应该有一个朝外的窗口，以方便从种鸡场接收种蛋，所有房间的墙壁都应容易冲洗，有收集孵化器和出雏器污物的排水沟和混凝土地面，墙和顶棚应该有绝热隔离层。

2. 通风

适当通风，使新鲜空气适当地进入室内，污染空气排出室外，是维持胚胎发育的良好环境基础。

3. 孵化厂的冷却

对孵化厂房间内进行适当的冷却是必要的，在周围环境气温较高时，不仅可以冷却孵化器，也可以使人凉爽，冷却的最经济方法是利用蒸汽冷却器。房间的理想温度是 21 ~ 27℃，这有助于减少由胚胎发育产生的任何热量。为了有助于稳定室内气压，排风扇的容量应该比冷却器进风扇大 10%。研究发现，室内相对湿度维持在 70% ~ 75%，可使孵化器操作一致，因此，应该在孵化厂的各个房间内安装湿度控制器以维持适合的湿度，但水必须是卫生的，应使用清洁过滤器，以避免传播有害微生物。

六　孵化设备

大多数的商业孵化器是为鸡蛋设计的，孵化山鸡蛋需要进行适当的修改。现代孵化器的主要特点包括：

1）箱子设计要求在最小的地面空间容纳最大孵化量。

2）计算机自动化控制温度和湿度。

3）强制通风循环，可均衡温度。

4）机械的翻蛋设备，每 2 小时自动翻 1 次。

5）孵化室与出雏室分开，以便更好地控制出雏环境。

6）孵化箱内有较好的冷却和通风系统。

7）设计和材料有助于清洗和消毒，并使蛋架车或蛋盘容易移动。

8）机械故障的自动报警系统。

9）孵化厂必需的其他有效操作设备：

① 照蛋器：主要检查是否受精和种蛋保存问题。

② 鉴别或码蛋台。

③ 校正温度计，以检查孵化器和出雏器的温度。

第四章　山鸡的繁育

47

七 孵化期

在适宜的孵化条件下，各种家禽均有固定的孵化期，孵化期的长短主要是由它们的遗传特性决定的。正常情况下，山鸡的人工孵化期为 24 天。一般山鸡种蛋在孵化至 22 天时开始啄壳，第 23 天时有少量雏鸡出壳，第 23.5 天时大量出壳，至第 24 天时出壳完毕。

孵化期过长或过短均会对种蛋孵化率和雏鸡品质产生不良影响，而山鸡胚胎发育的确切时间还受多种因素影响：

1）蛋形大小：一般情况下，蛋形小的种蛋比蛋形大的种蛋孵化期略短。

2）种蛋保存时间：种蛋保存时间过长会使种蛋孵化期延长。

3）孵化温度：孵化温度偏高时，可缩短种蛋的孵化期；偏低时，可延长孵化期。

八 孵化环境

1. 温度

温度是山鸡胚胎发育的首要条件。山鸡种蛋在孵化阶段的最适宜温度是 37.5 ~ 38℃，出雏阶段是 37 ~ 37.5℃；温度过高或过低，不仅会影响孵化期，还会影响胚胎发育。温度应精心管理，不应超过 40℃，山鸡蛋发育最低温度（或生物临界点）大约在 20℃，最高温度在 43℃。但不同的孵化方法，所使用的温度范围也有所不同，见表4-4。

> ➡ 【提示】 孵化温度根据胚胎发育情况采取前期高、中间平、后期略低，出雏期稍微高的原则。

表4-4　不同孵化方法的给温制度

孵 化 方 法	给温制度	初期温度/℃	中期温度/℃	后期温度/℃
整批入孵	变温孵化	38.2	37.8	37.3
分批入孵	恒温孵化	37.8	37.8	37.3

在种蛋孵化过程中，还应严格控制孵化室的温度，始终保持在 21～27℃ 范围内较为适宜，因为，孵化室温度的高低会影响到孵化器内的温度。因此，当孵化室温度高于 30℃ 或低于 15℃ 时，应相应地降低或升高孵化温度 0.3～0.5℃。

2. 湿度

湿度对胚胎发育具有很大的影响，过高或过低均会影响种蛋内水分的蒸发，影响孵化效果，而且孵化后期湿度的高低还会影响蛋壳的坚硬度和幼雏的破壳。要控制蛋中水分的蒸发，以维持各种成分适当的生理平衡，湿度过高会阻挡蛋壳气孔的空气交换而导致胚胎窒息；湿度过低会使蛋内水分过多蒸发，从而延滞胚胎发育。不同给温制度下的湿度要求见表 4-5。孵化期间，孵化室的相对湿度应保持在 50%～60%。

表 4-5　不同给温制度下的湿度要求

给温制度	孵化初期（1～10 天）的相对湿度（%）	孵化中期（11～21 天）的相对湿度（%）	孵化后期（出雏阶段）的相对湿度（%）
变温制度	60～65	50～55	65～70
恒温制度	53～57	53～57	65～70

3. 通风

孵化过程中的正常通风，可保证胚胎发育过程中正常的气体代谢，满足新鲜氧气的供给，并排出二氧化碳；在种蛋孵化期，胚胎周围空气中的二氧化碳含量不得超过 0.5%；而到了孵化后期，由于胚胎需氧量的不断增加，就必须加大通风量，使孵化器内的含氧量不低于 20%。而且在孵化过程中，还应始终保持孵化室内空气的新鲜和流通。但孵化过程中的通风与温度和湿度的保持是相矛盾的，加大了通风量就会影响到孵化的温度与湿度。因此，必须通过合理调节通风孔的大小来解决这一矛盾，调节的原则是在尽可能保证孵化器内的温度和湿度的前提下，空气越畅通越好。

4. 翻蛋

翻蛋可使胚胎均匀受热，增加与新鲜空气的接触，有助于胚胎对营养成分的吸收，避免胚胎与壳膜粘连，促进胚胎的运动和发育，并保证胎位正常。

在孵化阶段一般每2小时翻蛋1次，翻蛋角度达90°；但到落盘后就应停止翻蛋，把胚蛋水平摆放等待出雏。

目前，普遍使用的孵化器均安装自动翻蛋装置，只要设置好翻蛋程序，机器就会自动翻蛋；如使用无自动翻蛋装置的孵化器或使用其他方法孵化，则可采用手动翻蛋或手工翻蛋。

5. 晾蛋

在山鸡种蛋的孵化过程中，晾蛋并不是一项必需的程序，而应根据种蛋的表现来决定是否需要进行晾蛋。如果种蛋孵化时，孵化器内入孵种蛋密集、数量较大，而孵化器通风不足或温度偏高，种蛋孵化后期，由于胚蛋自身产热日益增高，容易出现胚蛋积热超温的现象，此时除了加大通风量外，还应采取晾蛋的措施，每天定时晾蛋2~3次。方法是使孵化器停止加热，打开箱门，保持通风，每次10~15分钟，将胚胎降温到32℃左右时恢复孵化。如果孵化器性能良好，孵化的胚蛋密度小时，就不必采用晾蛋程序。

九 种蛋孵化的方法

山鸡种蛋的孵化方法可归纳为自然孵化和人工孵化两大类，这里主要介绍人工孵化中的机器孵化法。

机器孵化法是目前最常用的一种山鸡种蛋孵化方法，有全自动和半自动两种孵化器。

全自动孵化器：山鸡种蛋在孵化过程中，将孵化器设定好各项技术参数，只要电源正常，孵化器就会按照预先设定的程序进行数字化管理，完成孵化过程，如图4-6所示。

半自动孵化器：主要在温度与湿度控制或翻蛋等环节还需要进行手工操作。

机器孵化的操作方法如下：

1. 孵化器的准备

（1）孵化器的安装与调试 孵化器应由厂家专业人员安装，

图4-6　全自动孵化器

第一次使用前必须进行1~2昼夜的试温运转，主要是检查孵化器各部件安装是否结实可靠，电路连接是否完好，温度控制系统是否正常，温度是否符合要求及报警系统工作是否敏感等。孵化器试运行正常后，便可入孵种蛋。

➡ 【提示】 为防停电，孵化器最好有一条备用电源或自备发电机。

（2）**孵化操作检查表**　在开始运转之前应对机器进行全面检查，按照以下项目和日常工作系统地完成。

1）检查门上的垫片是否破损。

2）检查水盘是否漏水。

3）彻底清洁和消毒孵化箱和孵化厂内部。

4）温度计的检查。将标准温度计与孵化器温度计同时插入38℃温水中，观察温差，如果二者相差0.5℃以上，则应更换孵化器温度计。清洗温度计和替换湿球温度计上的纱布。

5）如果设备安装有水银开关和晶片恒温器，检查水银开关和替换旧的晶片恒温器。

6）检查自动化的翻蛋装置，确认所有的蛋适当地倾斜而没有被卡住，润滑所有活动连接部。

7）检查和调试通风设备。

8）在孵化和操作中，将温湿度计插入机器，并校正温度和湿度，至少在入孵以前 24 小时，设定干球的温度范围，确认履行制造商的说明书要求。

9）孵化箱和出壳箱的熏蒸采用 3 倍浓度的混合液。

10）同一个品种入孵要求种蛋的大小和颜色一致，将它们大头向上放入蛋盘中。

2. 孵化期管理

（1）种蛋预热　预热就是将种蛋从蛋库内 10 ~ 15℃ 的环境下移出，使其缓缓增温，从而使胚胎从静止状态苏醒过来，有利于胚胎的健康发育。

预热的方法：在入孵前 4 ~ 6 小时，将消毒过的种蛋大头朝上，整齐码放在蛋盘上，然后放置在 20 ~ 25℃ 的房间内即可。在分批入孵的情况下，种蛋预热还可降低孵化器内温度骤然下降的可能性，避免了对其他批次种蛋孵化效果的影响。

（2）种蛋入孵　为方便管理，经过预热的种蛋一般在下午 2 时入孵，这将使苗雏的出壳时间集中在白天。当采用分批入孵的方法进行种蛋孵化时，一般以间隔 7 天或 5 天入孵 1 次为宜。每次入孵时，应在蛋盘上贴上标签并注明批次、品种和入孵时间等信息，以防混淆不同批次的种蛋。入孵时最好新批次种蛋蛋盘穿插在以前批次的中间，以利于蛋温调节，并应特别注意蛋盘的固定和蛋架车的配重，防止蛋盘滑落或蛋架车翻车。

（3）孵化时温度与湿度的控制

1）全自动孵化器能自动显示孵化器内的温度和湿度；半自动孵化器的门上装有玻璃窗，内挂有温度计和干湿度计，孵化时应每 2 小时观察 1 次温度和湿度并做好记录。

2）孵化器内各部位温差不能超过 ± 0.20℃，湿度不能超过 ±3%。

3）对已经设定好的温湿度指示器，不要轻易调节，只有在温度和湿度超过最大允许值时，才能予以调整。

4) 当孵化器报警装置启动时，应立即查找原因并加以解决。

5) 调节孵化器内湿度的方法是增减孵化器内的水盘或向孵化器地面洒水或直接向孵化器内喷雾。

(4) 断电时的处置　孵化过程中万一发生停电或孵化器故障时，应根据不同情况采取相应措施。

1) 外部气温较低、孵化室温度在 10℃ 以下时，如果停电时间在 2 小时以内，可不做处置；如果停电时间较长，应采取其他方法增温，使室温达到 21～27℃，适当增大通风孔并每半小时翻蛋 1 次。

2) 外部气温超过 30℃、孵化室温度超过 35℃ 时，如果胚龄在 10 日龄以内，可不做处置；如果胚龄大于 10 日龄，应部分或全部打开通风口，适当打开孵化器门，每 2 小时翻蛋 1 次，还应用眼皮测温法经常检查顶层蛋温，并据此调节通风量，防止烧蛋。

3. 出雏期管理

(1) 落盘与出壳　山鸡种蛋孵化到 21 日龄时，将胚蛋从孵化器的孵化盘中移入出雏盘的过程称为落盘。种蛋落盘时应适当提高室温，同时应注意动作要快轻。

生产群的种蛋落盘时，只需要将不同品种的种蛋分别移到不同出雏盘中，并注明品种即可；而对家系配种的种蛋，则应将同一母鸡所产种蛋装于一个网袋中，并注明相关信息，同时必须按个体孵化记录的顺序进行，以免出现差错。

种蛋孵化至第 23 天时开始出现大量雏鸡啄壳出雏，此时应注意加强观察，若发现有雏山鸡已经啄破蛋壳，而且壳下膜已变成橘黄色但破壳困难时，应施行人工破壳。方法是从啄壳孔处剥离蛋壳 1/2 左右，把雏山鸡的头颈拉出后放回出雏箱中继续孵化至出雏完成。

(2) 拣雏　当出雏器内种蛋有 30% 以上出壳时可开始拣雏。拣雏时动作要迅速，同时还应拣出空蛋壳，以防套在未出雏种蛋上影响出壳；拣雏一般每隔 4 小时实施 1 次，并将拣出的雏苗放置在铺有软而不光滑纸的容器内，放在温度 34～35℃、离热源较近、黑暗的地方；拣雏时还应注意避免出雏器内温度急剧下降，影响出雏。

对家系配种的种蛋，应按不同的网袋进行一次性拣雏并放置在不同的容器内，同时还应做好相应的标识及相关信息的登记。生产群配种的雏鸡只需要将不同品种雏鸡的每次拣雏数量记录在记录表上。

(3) 清扫与消毒 出雏完成后必须对出雏器及其他用具进行清洗和消毒。

方法是对出雏器及出雏盘、水盘等进行彻底清洗后，用高锰酸钾和福尔马林熏蒸消毒 30 分钟。

4. 孵化记录

孵化记录中一般应包括温度、湿度、通风、翻蛋等管理情况，以及照蛋、出壳情况和苗雏健康状况等，并计算受精率和孵化率等孵化生产成绩。

➕ 孵化效果的检验

1. 山鸡胚胎的发育过程

如果孵化条件适宜，山鸡胚胎正常的发育情况见表4-6。

表4-6 山鸡胚胎发育不同胚龄的外部特征

孵 化 天 数	发 育 特 征
第1天	照检：无变化 剖检：胚胎边缘出现血岛，胚胎直径3毫米
第2天	照检：无变化 剖检：胚盘出现明显的原条，浅黄色的卵黄膜明显、完整，胚胎直径8毫米
第3天	照检：无变化 剖检：心脏开始跳动，血管明显，卵黄膜明显、完整
第4天	照检：胚胎周围出现明显的血管网 剖检：卵黄膜破裂，出现小米粒大小透明状的脑泡

孵化天数	发育特征
第5天	照检：胚胎及血管像个"小蜘蛛" 剖检：可见灰黑色眼点，血管呈网状
第6天	照检：可见黑色眼点 剖检：胚体弯曲，尾细长，出现四肢雏形，血管密集，尿囊尚未合拢
第7天	照检：同第6天，但血管网明显，布满卵的1/3 剖检：羊膜囊包围胚胎，眼珠颜色变黑
第8天	照检：胚胎不易看清，半个蛋表面已完全布满血管 剖检：胚胎形状同第7天，羊膜囊增大，内脏开始形成，脑泡明显增大，嘴具雏形，尚未有喙的形状
第9天	照检：同第8天 剖检：羊膜囊进一步增大，四肢形成，趾明显，有高粱粒大小的肌胃
第10天	照检：同第8天 剖检：脑血管分布明显，眼睑渐成形，胸腔合拢，肝脏形成
第11天	照检：血管网布满蛋的2/3，但大多数不甚清楚，颜色较暗 剖检：喙较明显，腹部合拢，腿外侧出现毛囊突起，肝变大且呈浅黄色
第12天	照检：整个蛋除气室以外都布满血管 剖检：出现卵齿，大腿外侧及尾尖长出极短的绒毛。肌胃增大，肠道内有绿色内容物，肛门形成
第13天	照检：同第12天 剖检：背部出现极短的羽毛
第14天	照检：血管加粗，颜色加深，蛋内大部分为暗区 剖检：体侧及头部有羽毛出现
第15天	照检：暗区增大 剖检：除腹部及下颌外其他部位均披有较长的羽毛。喙部分角质化，出现胆囊
第16天	照检：暗区增大 剖检：喙全部角质化，眼睑完全形成，腿出现鳞片状覆盖物，爪明显，蛋黄已部分吸入腹腔

第四章
山鸡的繁育

（续）

孵化天数	发育特征
第 17 天	照检：同第 16 天 剖检：整个胚胎被羽毛覆盖
第 18 天	照检：小头看不到红亮的部分，蛋内全是黑影 剖检：羽毛及眼睑完全，有黄豆粒大小的嗉囊出现
第 19~20 天	照检：同第 18 天 剖检：胚胎类似出雏时位置，即头在右翼下，闭眼
第 21 天	照检：气室向一方倾斜 剖检同第 20 天
第 22 天	照检：蛋膜被喙顶起，但尚未穿破 剖检：蛋黄全部吸入腹内，蛋壳上有少量的胎衣，呈灰白色
第 23 天	照检：喙穿入气室 剖检：眼可睁
第 23.5~24 天	孵出雏山鸡

2. 山鸡种蛋孵化效果的检查

（1）照蛋　照蛋是指用照蛋器的灯光透视胚胎发育情况的一种检查方法，其方法简便，效果准确，是山鸡种蛋孵化过程中检查孵化效果最常用的一种方法。

1）头照：一般在种蛋孵化至第 7 天时进行，照蛋时应把无精蛋、破损蛋及时剔除，以防止这部分无生命蛋因变质、发臭或爆裂等污染孵化器，同时还可空出一部分孵化器空间，便于空气流通。

照蛋时，无精蛋一般可见蛋内透明，隐约可见蛋黄影子，没有气室或气室很小；死蛋可见蛋内有血环、血块或血弧，蛋内气室变混浊。

2）抽检：如果孵化正常，可以不做这次检查。一般是在种蛋孵化至第 12 天时，抽出几盘蛋进行照检，以检查胚胎发育情况是否正常。此时照检，可见正常胚的蛋小头布满血管，如照检见小头为浅白色，则表示胚胎发育缓慢，应适当调整孵化条件。

3）二照：二照一般在落盘时进行，主要是检查胚胎的发育情况，并捡出死胚蛋和弱胚蛋。此时照检可以看到发育良好的胚蛋，除气室外胚胎已占满整个胚蛋，气室边缘界限弯曲、血管粗大、可见胚动；弱胚蛋可见气室较小、边界平齐；死胚蛋则看不见气室周围的暗红色血管、气室边界模糊，胚蛋颜色较浅、小头颜色则更浅。

（2）种蛋失重测定　种蛋重量的损失主要是由于水分从蛋壳上成千上万的蛋壳孔中蒸发，孵化蛋重正常的水分损失与孵化器中的湿度成反比。在 21 天的孵化期中，山鸡蛋重量总的损失：高湿度（80%）下为 11.5%，低湿度（40%）下为 18.4%，最佳的水分损失为 13.8%，一般在 15%。

主要测定种蛋在孵化过程中因蛋内水分蒸发造成的蛋重变化情况。测定方法是定期称取种蛋的重量。山鸡种蛋孵化过程中的失重情况见表4-7。

表4-7　山鸡胚蛋失重情况

孵 化 日 龄	胚蛋失重情况（%）
第 6 天	2.5 ~ 4.5
第 12 天	7.0 ~ 8.0
第 18 天	11.0 ~ 12.5
第 21 天	12.7 ~ 15.8
第 24 天	19.0 ~ 21.0

如果山鸡胚蛋的失重情况超过表 4-7 的变化范围，则提示孵化过程中湿度可能过高或过低，应做适当调整。

山鸡种蛋孵化期间最佳的失重计算如下：

$$每天失重 = (Wt \times 15\%)/T$$

式中，Wt 是新鲜蛋重；T 是孵化期。

若新鲜蛋重未知，计算如下：

$$新鲜蛋重 = 0.548 \times D^2 \times L$$

式中，D^2 是蛋的短径的二次方，单位为厘米^2；L 是蛋的长径，单位为厘米。

种蛋失重的百分比用下列公式确定：

$$种蛋失重的百分比 = (Wt_2 \div Wt_1) \times T_1 \div T_2 \times 100$$

式中，Wt_1 是新鲜蛋重；Wt_2 是称重时失重的数量；T_1 是孵化期；T_2 是称重时孵化的天数。

（3）观察出壳雏鸡　在胚蛋落盘后应认真记录雏鸡的啄壳和出壳时间，仔细观察雏鸡的啄壳状态和大批出雏时间是否正常。雏鸡出壳后还应细心观察雏鸡的健康状况、体重大小及活力和蛋黄吸收状况，并注意观察畸形和残疾等情况，以检验孵化效果，并为育种提供依据。

（4）剖检死胚　解剖死胚时常可发现许多胚胎的病理变化，如充血、贫血、出血、水肿等，并可以确定胚胎的死亡原因。剖检时首先判定胚胎的死亡日龄，并注意观察皮肤及内部脏器的病理变化，对啄壳前后死亡的胚胎应观察胎位是否正常。

3. 山鸡种蛋孵化效果分析

由于各种原因，山鸡种蛋的孵化率不可能达到百分之百。造成山鸡胚胎死亡的原因很多，但主要有种蛋因素（见表4-8）和孵化因素（见表4-9）两个方面。

表4-8　种蛋因素造成孵化不良的原因分析

原因	新鲜蛋	第一次检蛋	打开蛋检查	第二次检蛋	死　胎	初　生　雏
维生素D缺乏	壳薄而脆，蛋白稀薄	死亡率有些增高	尿囊生长缓慢	死亡率明显增高	胚胎有营养不良的特点	出壳拖延，幼雏软弱
核黄素缺乏	蛋白稀薄	—	发育有些迟缓	死亡率增高	胚胎营养不良，羽毛蜷缩，脑膜浮肿	很多雏鸡软弱，胫及肢麻痹，羽毛蜷缩
维生素A缺乏	蛋黄色浅	无精蛋增多，死亡率增高	生长发育有些迟缓	—	无力破壳或破壳不出而死	有眼病的弱雏多

原因	新鲜蛋	第一次检蛋	打开蛋检查	第二次检蛋	死　胎	初　生　雏
保存时间过长	气室大，系带和蛋黄膜松弛	很多鸡胚在1~2天死亡，剖检时胚盘表面有泡沫出现	发育迟缓	发育迟缓	—	出壳时期延迟

表 4-9　孵化因素造成孵化不良的原因分析

原因	第一次检蛋	打开蛋检查	第二次检蛋	死　胎	初　生　雏
前期过热	多数发育不良，有充血、溢血、异位现象	尿囊早期包围蛋白	—	异位，心、胃、肝变形	出壳早
温度不足	生长发育迟缓	生长发育迟缓	生长发育迟缓，气室界限平齐	尿囊充血、心脏增大，肠内充满蛋黄和粪	出雏期延长，雏鸡站立不稳，腹大，有时下痢
孵化后半期过热	—	—	破壳较早	在破壳时死亡多，不能很好地吸收蛋黄	出壳早而时间延长，雏弱小，黏壳，蛋黄吸收不好
湿度过高	—	尿囊合拢延缓	气室界限平齐，蛋黄失重小，气室小	嘴黏附在蛋壳上，肠、胃充满黏性液体	出壳期延迟，绒毛黏壳，腹大
湿度不足	死亡率高，蛋重失重大	蛋重失重大，气室大	—	啄壳困难，绒毛干燥	早期出雏绒毛干燥，黏壳

第四章　山鸡的繁育

（续）

原因	第一次检蛋	打开蛋检查	第二次检蛋	死　　胎	初 生 雏
通风换气不良	死亡率增高	羊膜液中有血液	羊膜液中有血液，内脏器官充血及溢血	在蛋的小头啄壳	—
翻蛋不正常	蛋黄黏附于蛋壳上	尿膜囊没有包围蛋白	在尿膜囊外具有黏着性的剩余蛋白	—	—

4. 死亡规律分析

山鸡种蛋在孵化过程中总会有一些胚胎会发生死亡，而且其死亡的比例与孵化的各个阶段和孵化率的高低有很大的相关性，见表4-10。

表4-10　一般死亡规律

孵 化 水 平	孵化过程中死蛋占受精蛋数的百分率（%）		
	第1~7 天	第8~20 天	第21~24 天
90%	2~3	2~3	4~6
85%	3~4	3~4	7~8
80%	4~5	4~5	10~12

一般情况下，某些营养成分缺乏会引起中等程度的死亡率。胚胎死亡率呈现出明显的周期性，危险期发生在第4天、第12天和第22天，如图4-7所示。

当大多数的组织开始形成时，发生第1个胚胎死亡高峰（第4天），主要是血液循环系统发育出现问题造成的，还有不良的种蛋操作（收集和储存）、种蛋为年龄大的鸡群所产（很少交配）、孵化器等因素。

第1个死亡高峰后通常接着一个长期的低死亡率，这时死亡的主要原因是孵化机问题和种鸡的营养缺乏，如核黄素、维生素

B_{12}、锰和泛酸。

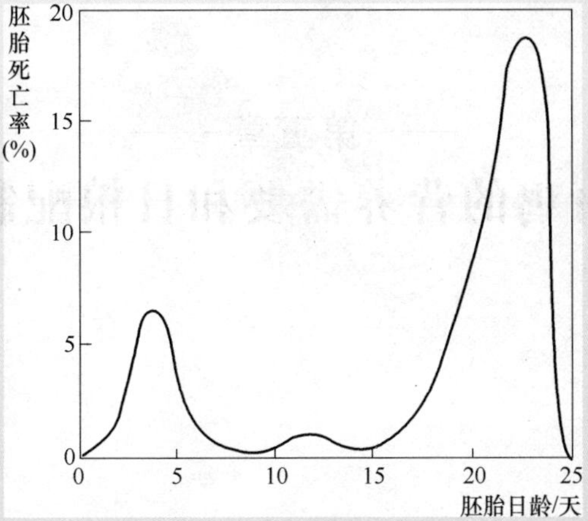

图 4-7　山鸡胚胎死亡高峰

　　与第 1 个高峰相比较，第 3 次高峰（第 22 天）与出壳问题相关。主要原因为转变成肺呼吸，其他还有增加了水分蒸发（孵化期间、湿度低、蛋壳质量差等）、种蛋为年龄大的鸡群所产、种蛋受污染。在第 21 天，胚胎的头处于大腿之间，外部仅剩蛋黄和少量蛋白。最后 3 天期间，胚胎将它的头在右翅下伸进气室，然后按逆时针方向啄壳。啄壳时，肺呼吸开始，尿囊退化，卵黄通过卵黄囊的脐带进入体内。此时，所有的蛋白应已被利用完全，否则，当蛋白粘住鼻孔时，会引起窒息；另外，啄壳时若湿度过高，水分进入雏鸡的鼻孔，也会引起窒息。

——第五章——
山鸡的营养需要和日粮配制

第一节 山鸡的营养需要

山鸡的生命活动主要依靠日粮中营养物质的供给，山鸡通过采食饲料，消化各种营养物质，并将其转化成自身机体的物质，以满足自身生长发育和生产需要。山鸡需要的主要基础营养物质包括水、能量、碳水化合物、蛋白质、脂肪、矿物质和维生素。

一 水

水是山鸡体内最重要、最不可缺少的物质，对物质代谢有特殊的作用。水是体液的主要成分，在蛋白质胶体中的水，直接参与构成活的细胞与组织。水对于营养物质的消化、吸收和输送，以及代谢产物和多余物质的排泄都是必需的；水参与维持体内酸碱平衡和渗透压，保持活细胞的正常状态；水可减少关节活动的摩擦，软化和润滑饲料；水可以调节体温，使山鸡体温保持恒定；山鸡体内的各种生化反应，物质的合成与分解都离不开水。

二 能量

能量是山鸡进行一切生理活动的基础物质，饲料中的碳水化合物、蛋白质和脂肪是山鸡能量的主要来源，但由于蛋白质饲料价格较贵，较少用作能量饲料。最常用的能量饲料是价格相对便宜的淀粉类饲料。山鸡体内还能将淀粉转化成脂肪，并合成各种脂肪酸来满足需要。因此，山鸡一般不发生脂肪缺乏的现象，但唯有亚油酸必须靠饲料供给，而玉米则含有较高的亚油酸，含有较多玉米的饲料中就无须添加亚油酸。另外，脂肪的含热量比淀粉高出 2 倍多，饲料中适当添加脂肪能显著提高饲料中的能量水平。

山鸡对能量的需要受体重、产蛋率、环境温度及活动量等因素的影响。例如，在饲料中蛋白质水平不变的情况下，山鸡的采食量与饲料中的能量水平呈反比；而当饲料中能量水平偏低时，山鸡增加采食量而造成蛋白质浪费。但在使用高能饲料时，可因采食量的减少而造成蛋白质不足。因此，山鸡饲料中的能量和蛋白质应保持一定的比例，即"能量蛋白比"。通常情况下，山鸡的幼雏期需要较高的能量水平；青年鸡应适当控制能量；产蛋期则应根据产蛋率的高低适当调节能量水平。

三 碳水化合物

碳水化合物是供给山鸡能量的主要营养物质，广泛存在于植物性饲料中。碳水化合物可分为无氮浸出物和粗纤维。无氮浸出物包括单糖、双糖和多糖，能溶解于水，容易被山鸡消化吸收。粗纤维包括纤维素、半纤维素和木质素，不能溶于水，纤维素和半纤维素可在大肠中微生物的作用下被少量消化，木质素则不能被山鸡消化利用。

饲料中的碳水化合物经口腔润湿后进入嗉囊，在嗉囊中暂时储存、软化后缓慢地送至腺胃，与胃酸、酶混合后进入肌胃，肌胃胃壁发达，可以磨碎饲料，保证在小肠中与酶充分接触。小肠是饲料中碳水化合物消化吸收的主要场所，没有被小肠消化吸收的碳水化合物进入大肠，在大肠微生物的作用下少量分解为挥发性脂肪酸。由于大肠位于消化道的末端，分解产物被山鸡利用得很少。

由于山鸡分解粗纤维的能力较低，山鸡日粮中粗纤维的供给

量应控制在 2.5% ~ 5.0%。

四 蛋白质

蛋白质对山鸡的生长具有相当重要的作用，是山鸡体内一切组织，如肌肉、血液、皮肤等各器官及酶、激素、抗体、色素等的重要组成部分，是重要的结构物质，同时也是山鸡蛋、羽毛的结构物质。蛋白质是维持机体正常代谢、生长发育、繁殖和形成蛋、肉、羽等最重要的营养物质。山鸡必须通过摄取蛋白质，经过体内同化作用重新组成机体蛋白质，而不能通过碳水化合物、脂肪等养分代替。

山鸡对蛋白质的需要实际上是对各种氨基酸的需要。山鸡所需的必需氨基酸主要包括精氨酸、组氨酸、异亮氨酸、亮氨酸、赖氨酸、甲硫氨酸、苯丙氨酸、苏氨酸、缬氨酸、甘氨酸；半必需氨基酸包括胱氨酸和酪氨酸；非必需氨基酸包括丙氨酸、天门冬氨酸、谷氨酸、脯氨酸和丝氨酸。因此，处于不同生长阶段的山鸡应保证氨基酸的平衡。任何一种必需氨基酸的缺乏都会影响山鸡体内蛋白质的合成，使生长和生产受到抑制。山鸡对蛋白质的需求因其所处的生理和生产阶段及生活环境的不同而不同，一般情况下，山鸡育雏期和产蛋期的蛋白质需求量较高，而育成期可适当降低蛋白质水平。蛋白质不足会使山鸡生长发育减慢，开产期延迟，产蛋率下降，蛋重减轻，品质变差，产蛋停止，甚至出现死亡。

山鸡日粮常规的蛋白质原料主要是豆粕、鱼粉，人工合成的商品氨基酸在生产中也得到广泛应用。

五 脂肪

脂肪是山鸡体细胞和蛋的重要组成原料，肌肉、皮肤、内脏、血液等一切机体组织中都含有脂肪。脂肪的产热量为等量碳水化合物或蛋白质的 2.25 倍，因此，它不仅是提供能量的原料，也是山鸡体内储存能量的最佳形式。山鸡将剩余的脂肪和碳水化合物转化为体脂肪，储存于皮下、肌肉、肠系膜间和肾的周围，能起到保护内脏器官、防止体热散发的作用。脂肪还是脂溶性维生素的溶剂，维生素 A、维生素 D、维生素 E、维生素 K 都必须溶解于脂肪中，才能被山鸡吸收利用。当日粮中脂肪不足时，会影响脂溶性维生素的吸收，导致生长迟缓、性成熟推迟和产蛋率下降。

由于一般饲料中都有一定数量的粗脂肪，而且碳水化合物也有一部分在体内转化为脂肪，因此，一般不会缺乏，但山鸡在育雏期对能量的需求高，有的养殖场和饲料厂在这阶段的饲料中添加油脂，以提高能量水平。

六　矿物质

山鸡体内不能合成矿物质，必须由日粮提供，在体内主要存在于骨骼、组织和器官中。山鸡蛋中的矿物质主要存在于蛋壳中。矿物质在体内主要起调节渗透压，以及保持酸碱平衡和激活酶系统等作用，同时又是骨骼、血红蛋白、甲状腺激素等的重要组分。矿物质是保证山鸡的健康和生产必需的物质。

还有一些矿物质主要参与激素、维生素、酶和辅酶等物质代谢，并且用量低微，这类矿物质被称为微量元素，如铁、锰、铜、锌、碘、硒等，它们在维持山鸡正常生理作用方面也起着非常重要的作用。目前，这类物质多以添加剂的形式补充到饲料中。

1. 钙和磷

钙是形成骨骼和蛋壳的主要成分，血清、淋巴液及软组织中含有大量的钙。磷能促进骨骼形成，在碳水化合物和脂肪代谢中起着重要作用，并参与所有的活细胞重要成分的组成和维持机体的酸碱平衡。机体中的磷几乎参与主要有机物质的合成和降解代谢，在能量的储存、释放和转换中起着重要作用。钙在凝血过程中起重要作用。日粮中缺乏钙和磷，雏山鸡表现为软骨症，喙和胫骨软而能弯曲；产蛋山鸡因骨质疏松而引起瘫痪和产软壳蛋、薄壳蛋，破壳蛋的比率提高，孵化率下降。维生素 D_3 是钙吸收所必需的营养物质，否则即使日粮中钙、磷充足，也易产生钙、磷缺乏症，并且也应保持适宜的钙磷比例。

2. 氯和钠

氯和钠常以食盐的形式供给，氯化钠具有维持山鸡体内渗透压和酸碱平衡，以及促进食欲等作用。钠多存于细胞外的体液中，对心脏活动起调节作用。缺钠时，心肌的收缩和伸展停止，生长停止，产蛋率下降。缺氯时，食欲下降，生长迟缓，在玉米—豆粕日粮中钠和氯均不足，因此，一般都要在日粮中添加0.3%的食盐。

3. 铁

铁参与山鸡血红蛋白的形成，是各种氧化酶的组分，与血液中氧的输入和细胞生成的氧化过程有关。山鸡缺乏铁时出现营养性贫血，羽毛色素形成不良；过量时，影响磷的吸收，采食量减少，体重下降。饲料中以谷实类、豆类、鱼粉等中的含铁量丰富，一般可以满足需要。

4. 铜

铜是酪氨酸酶的组成成分，参与多种酶的活动，有利于铁的吸收和血红蛋白的形成。缺铜时，山鸡表现出贫血、骨质疏松和生长发育不良，以及肠胃机能障碍。一般饲料中铜不易缺乏。

5. 锌

锌是多种酶的组分及参与系统作用的必需因子，有助于锰、铜的吸收，与骨骼、羽毛的生长发育有关。锌缺乏时，雏鸡采食量减少，生长迟缓，羽毛生长不良，种山鸡产蛋率降低，蛋壳变薄，甚至产软壳蛋，孵化率降低，死胚增加，胚胎羽毛和骨骼发育受阻。动物性饲料、饼粕、糠麸中锌含量较丰富。一般日粮中比较容易缺乏锌，并且山鸡对锌的需要量较高，可通过补充含锌化合物（如硫酸锌、氧化锌）增加山鸡对锌的摄入量。

6. 锰

机体组织中都含有锰，是多种酶的激活剂，与碳水化合物、蛋白质和脂肪代谢都有密切关系，是山鸡生长、繁殖和防止脱腱症发生所必需的微量元素。缺乏时，山鸡骨骼发育不良，腿骨粗短，畸形，关节肿大，易产生脱腱症。苜蓿、糠麸、豆类、胚芽中含有较多的锰，但日粮中常缺乏，可添加硫酸锰等作为补充。

7. 硒

硒与维生素 E 相互协调，具有类似的抗氧化作用，是谷胱甘肽过氧化物酶的重要组成成分，是谷氨酸转化为半胱氨酸所必需的元素，能保护胰腺的健全和正常机能，并有防治肌肉萎缩与渗出性素质病及提高种蛋受精率和孵化率等作用，硒是容易缺乏的微量元素之一，缺乏时山鸡表现为血管通透性差、心肌损失、心包积液、心脏扩大。

8. 钴

钴是维生素 B_{12} 的重要原料，缺乏时，不仅会影响山鸡肠道内微生物对维生素 B_{12} 的合成，还会引起山鸡生长迟缓和恶性贫血，容易发生骨短粗症。

七 维生素

维生素的功能是调节新陈代谢过程，它与酶的活性有密切的关系。山鸡体内不能合成维生素，必须通过食物摄取。虽然山鸡对维生素的需求量极其微小，但维生素对各种生命活动均有重大影响。缺少任何一种维生素都会造成代谢紊乱，生长迟缓，生产力下降，抗病力减弱。维生素有 20 多种，根据其溶解特性可分为脂溶性维生素和水溶性维生素。脂溶性维生素在体内有一定储存，但不稳定；水溶性维生素在体内不能储存，很快随尿排出，必须经常由饲料来供给。

1. 脂溶性维生素

脂溶性维生素包括维生素 A、维生素 D、维生素 E、维生素 K。

（1）维生素 A　维生素 A 是保持上皮细胞健康和正常生理功能所必需的，尤其对保持眼、呼吸系统、消化系统、生殖系统和泌尿系统黏膜的健康有很好的作用。一般在饲料中添加合成的维生素 A。缺乏时，雏鸡生长不良、消瘦、步态蹒跚、羽毛蓬乱、眼睑角质化，眼睛出现干酪样渗出液，鼻腔中有黏性排泄物，孵化率下降。维生素 A 的来源为苜蓿叶粉、玉米、玉米麸质粉、肝粉和合成维生素 A。

（2）**维生素 D** 维生素 D 与钙、磷的代谢有关，是骨骼钙化和蛋壳形成所必需的营养物质。维生素 D，尤其是维生素 D_2 和维生素 D_3，对各生理阶段都很重要，日粮中缺乏维生素 D 时，骨组织的形成受阻，雏鸡出现软骨症及腿骨弯曲，种山鸡产薄壳蛋、软壳蛋或畸形蛋，产蛋率下降，种蛋孵化率下降。鱼肝油和维生素 D 剂是维生素 D 的主要来源。

（3）**维生素 E** 维生素 E 具有促进性腺发育和生殖功能，并有助于肌肉正常代谢作用。维生素 E 又是一种有效的体内抗氧化剂，对山鸡的消化道及机体组织中的维生素 A 有保护作用。维生素 E 还与硒的代谢和作用有关。因此，维生素 E 能保持种鸡正常的生殖功能，提高产蛋率、种蛋受精率和孵化率，同时也能促进雏鸡的生长并增强其生活能力。当缺乏时，雏鸡生长速度降低，肌肉萎缩，可能引起细胞组织软化、渗出性素质病及肌肉营养不良；公鸡睾丸退化，配种能力下降；种山鸡产蛋率、受精率明显下降，种蛋孵化率降低或丧失，胚胎死亡数增加。维生素 E 在蛋黄、植物油和谷物籽实胚芽中含量丰富。

（4）**维生素 K** 维生素 K 可催化肝脏中凝血酶原及凝血质的合成，参与凝血作用，促进伤口血流迅速凝固，防止流血过多。当缺乏维生素 K 时，易患出血病，凝血时间延长，导致大量流血，引起贫血症。维生素 K 共有 4 种，其中维生素 K_1 在青绿饲料、苜蓿粉、大豆、肉骨粉、鱼粉和动物肝脏中含量丰富；维生素 K_2 可在肠道内由细菌等合成；维生素 K_3 和维生素 K_4 为人工合成品，作为补充添加剂使用。

2. 水溶性维生素

水溶性维生素包括维生素 C、维生素 B_1、维生素 B_2、泛酸、烟酸、胆碱、维生素 B_6、生物素、叶酸和维生素 B_{12}。

（1）**维生素 C** 维生素 C 又称抗坏血酸，与细胞间质骨骼原的形成和保持有关，并促进蛋壳形成；参与机体一系列代谢过程，具有抗氧化作用，有解毒作用，有增强机体免疫力的作用。

在肝脏或肾脏中利用单糖可合成维生素C。缺乏时，山鸡发生坏血病，生长停滞，体重减轻，关节变软，身体各部出血、贫血。在夏季高温或运输等逆境因素下，机体合成维生素的能力降低，此时需要补充维生素C，提高山鸡的抗应激能力。高温环境会破坏蛋壳上胶原基质的形成，因碳酸钙沉积在胶原基质上，因此，在热应激条件下，补充维生素C能提高山鸡的存活率、产蛋率和蛋壳厚度。维生素C常作为抗应激剂，能缓解应激反应。正常情况下，不会发生缺乏症。

（2）维生素 B_1 维生素 B_1 又称硫胺素，具有抗多发性神经炎、脚气病、便秘、肠胃功能障碍的作用；可控制碳水化合物的代谢，维持神经组织及心脏的正常功能，维持肠蠕动和消化道内脂肪的吸收。缺乏时，山鸡正常神经机能受到影响，生长不良，食欲减退，消化不良，发生痉挛，严重时出现瘫痪、倒地不起、贫血下痢、皮炎，并且雏鸡发生多发性神经炎。维生素 B_1 主要来源于禾谷类加工副产品、谷类和维生素 B 含量丰富的优质干草、维生素 B_1 制剂等。

（3）维生素 B_2 维生素 B_2 又称核黄素，是体内黄酶类的重要组分，对体内氧化还原、调节细胞呼吸起重要作用，促进生长、生殖与呼吸。缺乏时，山鸡生长缓慢、食欲减退、腿部瘫痪、产蛋减少，孵化率降低，雏鸡生长受阻，死亡率较高。维生素 B_2 在青绿饲料、干草粉、酵母、鱼粉、糠麸、小麦中含量较丰富，但易受紫外线和热的破坏，在不喂青绿饲料的情况下，日粮中必须予以添加。

（4）泛酸 泛酸是辅酶A的组成部分，与糖、脂肪和蛋白质代谢有关。缺乏时生长缓慢、羽毛粗乱，皮下出血、水肿，发生皮肤炎，嘴角及眼睑周围结痂，种山鸡产蛋率、孵化率降低，胚胎在孵化后期死亡。泛酸与维生素 B_2 的利用有关，当一种缺乏时，另一种需要量相应增加。泛酸在青绿饲料、糠麸、花生饼、大豆饼、小麦、苜蓿、干草、谷实中含量较多，谷实副产品中也都含有，但玉米中含量少。

（5）烟酸　烟酸又称尼克酸或维生素PP，对碳水化合物、脂类、蛋白质代谢起重要作用，对羽毛生长有重要的促进作用。缺乏时，山鸡的裸关节肿大、腿弯曲、舌和口腔发炎、腹泻、羽毛稀少。种山鸡产蛋量和孵化率下降，胚胎死亡，雏鸡出壳困难，弱雏多。烟酸广泛存在于青绿饲料、谷实及其加工的副产品、花生饼和酵母中。动物性饲料是烟酸的良好来源。

（6）胆碱　胆碱是卵磷脂和鞘磷脂的成分，在机体内为合成甲硫氨酸等需要甲基的反应中提供甲基；调节脂肪代谢等；与传递神经冲动和肝脏中脂肪的转运有关，为雏鸡生长所必需。山鸡对胆碱的需求量比其他维生素大很多，缺乏时，易患脂肪肝和滑腱症；雏鸡生长受阻，裸关节周围肿大并有点状出血；种山鸡产蛋减少，脂肪代谢发生障碍，易导致脂肪肝。胆碱主要来源于动物蛋白饲料、大豆粉、氯化胆碱制剂。

（7）维生素 B$_6$　维生素 B$_6$又称吡哆醇，是蛋白质和氮代谢中的一种辅酶成分。缺乏时，山鸡生长停滞，肌肉动作不协调、抽搐、皮肤发炎、羽毛粗糙；种山鸡产蛋减少，种蛋孵化率下降。在糠麸、苜蓿、青干草粉、胚芽、谷类及其副产品和酵母中含有丰富的维生素 B$_6$，实际生产中很少出现维生素 B$_6$缺乏症状。

（8）生物素　生物素是抗蛋白毒性因子，参与脂肪与蛋白质代谢，促进不饱和脂肪酸的合成。缺乏时，山鸡口角皮肤发炎、嘴和足、趾结痂，脚底变粗糙、出现裂纹并出血，趾部可能坏死和脱落；种山鸡孵化率降低。酵母、花生和大多数绿色植物中含有丰富的生物素。

（9）叶酸　叶酸参与蛋白质和核酸的代谢。与维生素 C、维生素 B$_{12}$共同促进红细胞、血红蛋白的生成，促进抗体生成。缺乏时，山鸡生长迟缓、羽毛生长不良、骨短粗、贫血，孵化率降低，胚胎死亡率明显增加。叶酸广泛分布于高蛋白质饲料中，豆饼和玉米中都含有叶酸，能满足山鸡对叶酸的需要。

（10）维生素 B$_{12}$　维生素 B$_{12}$与叶酸互相联系，参与甲基合成及代谢，有助于提高造血机能和日粮中蛋白质的利用，促进胆碱的生成。维生素 B_{12} 缺乏时，雏鸡生长迟缓，饲料利用率下降，死亡率增加，孵化率降低。维生素 B_{12} 在动植物体内不能合成，只有通过微生物合成，动物组织能储存维生素 B_{12}，因此，动物性饲料是维生素 B_{12} 的良好来源。

第二节　山鸡的常用饲料及其特点

一　饲料的概念和分类

饲料是指合理饲喂条件下被动物采食又能供给动物某种或多种营养物质、调控生理机制、改善动物产品品质，并且不发生毒害作用的物质。

1）饲料按来源分类，可分为植物性饲料、动物性饲料、矿物性饲料和其他特殊饲料（如酶制剂、酸化剂、饲料酵母等）。

2）饲料按国际分类法，即按饲料的营养特性可分为 8 大类，分别为粗饲料、青绿饲料、青贮饲料、能量饲料、蛋白质饲料、矿物质补充料、维生素补充料和饲料添加剂。

3）中国现行饲料分类法中将所有饲料分为 8 大类，并根据饲料的来源、形态、生产加工方法等属性分为 16 类，分别是：01 青绿饲料；02 树叶类饲料；03 青贮饲料；04 根茎瓜果类饲料；05 甘草类饲料；06 蒿秕农副产品类饲料；07 谷实类饲料；08 糠麸类饲料；09 豆类饲料；10 饼粕类饲料；11 糟渣类饲料；12 草籽树实类饲料；13 动物性饲料；14 矿物质饲料；15 维生素饲料；16 添加剂及其他。

二　山鸡的常用饲料

1. 能量饲料

能量饲料是山鸡日粮中用量最大的一类，包括玉米、高粱、小麦、大麦、稻谷和糙米、糠麸等。

（1）玉米　玉米是能量饲料中用量最大、应用范围最广的一种饲料。有效能含量高、消化率高是玉米的突出特点。玉米籽实由胚、胚乳、皮部和尖端 4 部分组成。一般胚占 12%，胚乳占

82%，皮部占5%，尖端占1%。玉米籽粒中淀粉约占70%，主要储藏于胚乳中，而胚中脂肪和灰分的含量丰富。

黄玉米的颜色为浅黄色至金黄色，通常凹玉米比硬玉米色泽浅，略具玉米特有的甜味，初粉碎有生谷味道。

玉米的营养特点是有效能含量高，含代谢能13.56兆焦/千克，适口性好；蛋白质含量低，粗蛋白质为7%~9%，品质差；脂肪含量高，3.5%~4.5%，必需脂肪酸含量高；无氮浸出物含量高，一般可达70%；维生素E含量高；黄色玉米中胡萝卜素、叶黄素和玉米黄质含量较高，色素主要存在于玉米胚乳中；80%矿物质存在于玉米胚芽中，其钙、磷含量低，并且钙磷比例不平衡，其他矿物质含量也较低。

玉米的品质不仅受储藏期和储藏条件的影响，而且受产地和上市季节及品种的制约。储藏玉米时，水分含量必须严格控制在14%以下，以防霉变。玉米含抗烟酸因子（烟酸原或抗烟酸结合物），易导致山鸡患皮炎，故配合饲料中玉米的用量过大时，应相应加大烟酸的添加量。玉米中粗蛋白质的含量低，赖氨酸、甲硫氨酸、色氨酸、胱氨酸等必需氨基酸和半必需氨基酸缺乏，故日粮配合时，应注意和优质蛋白质饲料搭配。玉米中不饱和脂肪酸的含量高，粉碎后失去自然保护力，易氧化酸败。

（2）高粱　我国是高粱主要生产国之一，高粱用作饲料时可替代玉米，用量可根据两者差价和高粱中单宁的含量来确定。

高粱颜色依品种而有褐色、黄色、白色的外皮，但内部淀粉质均呈白色，故粉碎后颜色趋浅。高粱粉碎后略带甜味，但不可有发酸、发霉现象。褐高粱粉，食之有苦涩感。

高粱的营养特点是粗蛋白质含量略高于玉米，但消化率低，赖氨酸、甲硫氨酸和组氨酸等必需氨基酸含量较低；淀粉含量与玉米相近，约70%，但消化率和有效能较低；脂肪含量低于玉米，饱和脂肪酸多；矿物质中磷、镁和钾含量较多，而钙含量较少，其中约70%的磷为植酸形式，利用率低；高粱籽粒中含有单宁，有涩味，并且在肠道中有收敛作用，易引起便秘。

山鸡配合饲料中的单宁过高易引起关节肿胀，添加甲硫氨酸可预防其发生，赖氨酸和甲硫氨酸并用可提高饲喂效果。种山鸡日粮中的单宁过多，会使产蛋率及受精率降低，但不影响孵化率。

（3）小麦 小麦是人类最重要的粮食作物之一，一般不作为家禽的饲料，只有当小麦价格大大低于玉米的价格时，才用小麦代替一部分玉米。

白小麦呈浅黄色，红小麦呈茶褐色。小麦味新鲜带甜。

与玉米相比，小麦中的粗蛋白质含量较高，一般为 12% ~ 14%，赖氨酸含量略高于玉米；小麦的有效能稍低于玉米，主要是其粗脂肪含量低（1.8%），其中亚油酸仅为 0.8%；矿物质中，钙少磷多，比例不平衡，其中约 70% 的磷为植酸形式，利用率低；小麦中胡萝卜素、B 族维生素和维生素 E 较丰富。

（4）大麦 大麦颜色为浅灰色直至浅褐色。大麦味新鲜带甜，不可出现霉变。

大麦的营养特点是蛋白质含量高于玉米；氨基酸中除亮氨酸及甲硫氨酸外均比玉米高，但利用率比玉米差，大麦含赖氨酸约为 0.4%，可消化赖氨酸总量仍高于玉米；粗纤维含量约为玉米的 2 倍，淀粉及糖分较玉米少，故能量含量低，代谢能约为玉米的 89%；B 族维生素含量丰富，但脂溶性维生素 A、维生素 D、维生素 K 最低，少量维生素 E 存在大麦胚芽中；磷含量比玉米高，其中 63% 属植酸磷，比玉米中磷的利用率好。

大麦的饲养效果明显低于玉米，会因热能不足而增加采食量及排泄物。产蛋山鸡饲喂部分大麦，对产蛋影响不大，但料蛋比则变高。大麦因不含色素，对蛋黄及肉山鸡的皮肤无着色功能。

（5）小麦麸 小麦麸俗称麸皮，主要由小麦种皮、糊粉层、少量胚芽和胚乳组成。

小麦品种对小麦麸的品种影响较大。小麦麸中粗纤维含量较高，为 8.5% ~ 12%，而无氮浸出物相对较低，故其有效能值较低，代谢能为 7.10 ~ 7.94 兆焦/千克；麸皮含丰富的维生素，其中维生素 E、维生素 B_1、烟酸和胆碱较多，但缺乏维生素 A、维生素 D；矿物质中，钙 0.1%～0.2%，磷 0.9%～1.3%，钙磷比例为 1：8，极不平衡，并且磷主要为植酸磷，利用率低，微量元素铁、锌、锰含量丰富；麸皮容积大，容重小。

麸皮作为能量饲料，其营养价值相当于玉米的 65%。麸皮具轻泻性，有助于胃肠蠕动，保持消化道健康，但饲喂过量会造成腹泻。

2. 蛋白质饲料

饲料干物质粗纤维含量小于 18%，粗蛋白质大于或等于 20% 的饲料，包括植物性蛋白质饲料、动物性蛋白质饲料。

（1）植物性蛋白质饲料 植物性蛋白质饲料包括大豆饼粕、花生饼粕、棉籽饼粕等。

1）大豆饼粕。大豆饼粕是植物饼粕类饲料中品质最好的一种。无论是代谢能，还是蛋白质、氨基酸的含量都较高，是目前在饲料上用量最大的饼粕类饲料。

大豆饼粕的营养特点是粗蛋白质含量高，为 40%～46%，品质好，其中赖氨酸含量高，但甲硫氨酸相对缺乏；无氮浸出物相对较低，淀粉含量较少，粗纤维也较低；矿物质中，钙少磷多，约为 1：2，比例不平衡；B 族维生素较多，其他较少。

大豆饼粕中除甲硫氨酸的含量较低外，其他氨基酸含量均较多，并且配比较好，是非常好的蛋白质来源，适口性好，消化率高，在山鸡任何阶段均可使用，并且无用量限制。

2）花生饼粕。花生去外壳后经提油后的副产品称为花生仁饼粕，一般称作花生饼粕，其饲用价值仅次于大豆饼粕。

花生饼粕的营养特点是粗蛋白质含量比大豆饼粕高 3%～5%，但所含蛋白质以不溶于水的球蛋白为主（占 65%），白蛋白仅占 7%，并且氨基酸组成较差，其中赖氨酸和甲硫氨酸的含量均低，而精氨酸却高达 5% 左右，赖氨酸与精氨酸比例在 100：380 以上，使赖氨酸的利用率下降，故其蛋白质品质较差。花生饼粕的代谢能较高，11～12 兆焦/千克，比大豆饼粕高。矿物质中，钙少磷多，比例不平衡。花生饼粕中除维生素 A、维生素 D、维生素 C 外，其他维生素含量丰富。花生饼粕储存不当，易滋生黄曲霉菌，产生黄曲霉毒素，造成中毒。

花生饼粕由于精氨酸含量过多，利用时应注意与精氨酸含量低的蛋白质饲料搭配使用，效果更好。注意检测黄曲霉毒素的含量是否超过限量，以免产生不良后果。

3）棉籽饼粕。棉籽饼粕是棉籽提油后的副产品，也是部分可利用的蛋白质资源，但由于含毒素——游离棉酚，在利用上受到一定限制。

棉籽饼粕的营养特点是粗蛋白质含量一般较高，为39%~43%，蛋白质品质差，其中赖氨酸含量低而精氨酸含量高，其比例为100：270，远远超过了赖氨酸与精氨酸的理想比例100：120，从而两者之间产生拮抗作用，使赖氨酸的利用率降低；粗纤维含量较高，为9%~14%，随饼粕含壳的多少而异；一般棉籽饼的粗脂肪含量高于棉籽粕。

棉籽饼粕具有抗营养因子，最主要的是游离棉酚，还有环丙烯脂肪酸、单宁和植酸等，对于产蛋鸡，棉酚可与蛋黄中的 Fe^{2+} 结合，形成复合物，使蛋黄颜色变浅。经储藏一段时间后，蛋黄成为黄绿色或暗红色，有的出现斑点。

棉籽饼粕在使用前需要进行脱毒处理，方法包括化学处理法、膨化脱毒法和固态发酵脱毒法等。

棉籽饼粕必须限量使用，对于脱毒的棉籽饼粕，产蛋期日粮中的用量应控制在5%以内，育雏育成期在8%以内。同时，在添加棉籽饼粕的日粮中，应增加硫酸铁的供给量。

（2）动物性蛋白质饲料　动物性蛋白质饲料主要来自水产品、肉类、乳和蛋品加工的副产品。

动物性蛋白质饲料的突出特点是粗蛋白质含量高且品质好，氨基酸平衡；不含粗纤维，无氮浸出物含量低；钙、磷含量丰富，比例适当，并且磷为易被山鸡吸收利用的有效磷，富含微量元素；维生素含量丰富，但不同饲料间的差别很大；一般脂肪含量较高，代谢能值较高。

1）鱼粉。鱼粉的营养特点是粗蛋白质含量高，一般为

50%～67%，消化率高，氨基酸含量高，并且配比较平衡，品质好；含脂肪高，为5%～12%，一般在8%左右；粗灰分的含量高，其中，钙为5%～7%，磷为2.5%～3.5%，磷的利用率高；维生素含量较丰富；含有未知促生长因子（UGF），可促进生长。

鱼粉作为山鸡的蛋白质补充料，饲喂效果相当好，经济效益较高。除补充营养、提高生产力外，还具有减少山鸡消化道中不良微生物的作用，可降低蛋鸡脂肪肝和出血症的发生。

鱼粉含较高的脂肪，储存过久易发生氧化酸败，影响适口性，并且可能引起下痢。

2）肉骨粉。肉骨粉是以屠宰厂或肉品加工厂无法食用的副产品，如碎肉、内脏、残骨、皮、脂肪等主要原料，经过灭菌、去油、烘干、粉碎而得到的混合物，产品中不应含毛发、蹄角、皮革、内脏内容物和排泄物等。

肉骨粉的营养特点是属补充蛋白质的饲料原料，粗蛋白质含量为40%～60%，氨基酸含量差异较大，尤其角质和结缔组织含量多的产品，所含必需氨基酸量甚低，甲硫氨酸及色氨酸均不足，赖氨酸含量与豆粕相当；肉骨粉是很好的钙、磷来源，钙为5.3%～9.2%，磷为2.5%～4.7%；含维生素 B_{12} 多，烟酸、胆碱也多，但维生素A、维生素D则少。

肉骨粉可作为山鸡饲料的蛋白质及钙、磷来源，但饲养价值比鱼粉低，甚至比大豆饼粕低，并且因品质稳定性差，用量宜加限制，以使用饲料总量的6%以下为宜，并补充所缺乏的氨基酸及注意钙、磷平衡问题，品质明显低劣者勿用为宜。

3. 矿物质饲料

各种动植物饲料中均含有一定量的必需矿物质元素。但随着集约化、工厂化养殖业的发展，单靠以动植物饲料为主配制的日粮往往满足不了山鸡对矿物质元素的需要（特别是高产山鸡）。因此，在山鸡日粮中需要补充某些矿物质饲料才能满足山鸡的营养需要。

生产中常用的有石粉、贝壳粉、蛋壳粉和轻质碳酸钙粉。

（1）**石粉** 石粉主要是指石灰粉，为天然优质石灰石粉碎而得，为天然碳酸钙，含钙34%～39%，是单一补钙来源最广、价格低廉、利用率高的矿物质饲料。

（2）**贝壳粉** 贝壳粉为各类贝壳（牡蛎壳、蚌壳、蛤蜊壳等）经过加工粉碎而成的粉状或颗粒状产品，一般含钙不低于33%，主要成分为碳酸钙。由于贝壳内部残留少量的有机物，因此，贝壳粉还含有少量的粗蛋白质及磷，制作饲料配方时，这些蛋白质和磷通常不计。

贝壳粉用于产蛋鸡和种山鸡的饲料中，会提高蛋壳的质量，强度高，减少破蛋、软壳蛋，饲喂贝壳粉的蛋鸡所产山鸡蛋的蛋壳质量比饲喂石粉的高。

（3）**骨粉** 骨粉是以动物的骨骼加工而成的。骨粉含氟量低，只要杀菌消毒彻底，便可安全使用。骨粉饲料中钙多磷少，比例平衡，是同时补充钙和磷的矿物质饲料。

（4）**磷酸盐** 目前在饲料加工和使用过程中，最常用的是磷酸氢钙、过磷酸钙、磷酸钙和脱氟磷酸钙。

（5）**氯化钠** 通常使用的是食盐，其中含钠40%，含氯60%。食盐可改善口味，增进山鸡的食欲，促进消化。山鸡日粮中食盐不宜过多，否则会造成山鸡饮水量增加，粪便稀软，重则导致食盐中毒。在生产中应根据山鸡的种类、生产力、季节、水质和饲料原料（如鱼粉）中食盐的含量等的不同，来确定食盐在日粮中的添加量。

（6）**碳酸氢钠** 碳酸氢钠俗称小苏打。由于食盐中钠少氯多，尤其对产蛋山鸡，钠供给不足。小苏打除提供钠离子外，还是一种很好的缓冲剂和电解质，可缓解热应激、改善蛋壳强度，提高蛋品品质。但应注意在添加碳酸氢钠的同时，适当降低食盐的供给量。

4. 饲料添加剂

饲料添加剂是指配合饲料中除常规饲料成分外添加的各种微量成分的总称，具有完善饲料营养、提高饲料利用率、促进动物

生长、防治疾病、缓减应激或其他特定功效等很多作用。

饲料添加剂的种类很多，大体可以分为两大类，即营养性添加剂和非营养性添加剂。

（1）营养性添加剂 营养性添加剂是用量大而普遍使用的添加剂，主要用来补充或平衡日粮营养。由于密闭式鸡舍使山鸡见不到阳光，离地饲养方式使山鸡接触不到土壤，高密度机械化饲养管理使山鸡得不到青绿饲料，而生产水平不断提高使山鸡对养分的全价性和平衡性要求更高，常规饲料已远远不能满足山鸡的现代生产方式和生产水平的需要，必须由各种营养性添加剂补充才可满足。这些添加剂主要包括氨基酸添加剂、微量元素添加剂、维生素添加剂3类。

1）氨基酸添加剂。在山鸡生产中，满足各种氨基酸的需要比单纯追求高含量的蛋白质更有明显的实际意义。常用的主要有人工合成的甲硫氨酸与赖氨酸添加剂。

2）微量元素添加剂。在规模化山鸡生产中，微量元素也是必不可少的。常用的有各种微量元素齐全的专用成品添加剂，以及只含有一种元素的无机盐类。

3）维生素添加剂。维生素添加剂是指工业合成或提纯的单一维生素或复合维生素添加剂。根据饲养标准规定或产品说明添加即可。具体还应考虑饲养方式特点、环境条件与日粮组成状况、山鸡的生长速度或种山鸡的产蛋水平等多种情况，从而进行适当调整。维生素在常温及自然光下容易氧化变质，使效价降低。购买后必须在低温、暗光、干燥的环境中密闭保存。启封后，要尽量在短期内用完。

（2）非营养性添加剂 非营养性添加剂是指除营养性添加剂以外的各种具有特定功能的添加剂。

1）促生长添加剂。促生长添加剂具有促进生长的作用。常用的促生长添加剂有抗生素和某些中草药等。

2）药物添加剂。球虫病等对雏鸡的危害较大，需要在饲料中定期添加一定的药物进行防治。

3）抗氧化剂。抗氧化剂用以防止饲料中脂肪与脂溶性维生素的氧化变质。

4）防霉剂（防腐剂）。防霉剂（防腐剂）是为防止饲料在储存过程中发霉、腐败变质而添加的。

5）其他。除以上几种添加剂，还有着色剂、抗应激添加剂等。

三 山鸡常用饲料的营养成分

山鸡常用饲料中营养物质的含量分别见表5-1、表5-2、表5-3和表5-4。

表5-1　常用饲料中的营养物质含量

饲料名称	代谢能（兆焦/千克）	粗蛋白质（%）	钙（%）	磷（%）	甲硫氨酸（%）	胱氨酸（%）	赖氨酸（%）	精氨酸（%）	苏氨酸（%）	异亮氨酸（%）	色氨酸（%）
黄玉米	14.06	8.5	0.02	0.25	0.17	0.13	0.24	0.50	0.32	0.35	0.07
杂交高粱	12.55	7.5	0.02	0.18	0.12	0.23	0.27	0.40	0.28	0.40	0.08
大麦粉	12.13	14.5	0.05	0.33	0.17	0.30	0.43	0.73	0.49	0.54	0.15
大麦	9.71	10.4	0.06	0.40	0.18	0.22	0.39	0.45	0.29	0.40	0.15
甘薯粉	11.72	0.1	0.10	0.10	0.03	0.17	0.19	0.10	0.12	0.10	—
木薯粉	11.72	3.0	0.10	0.08	0.03	0.03	0.10	0.10	0.08	0.09	0.03
稻谷粉	7.95	7.0	0.03	0.27	0.11	0.21	0.30	0.60	0.30	0.27	0.10
糙米	11.17	7.3	0.04	0.26	0.14	0.16	0.24	0.59	0.27	0.33	0.12
黑麦	11.92	12.6	0.04	0.30	0.18	0.12	0.40	0.36	0.50	0.53	0.14
荞麦	7.53	11.6	0.10	0.30	0.14	0.35	0.57	0.38	0.90	0.36	0.20
小麦	12.93	12.9	0.10	0.30	0.14	0.20	0.40	0.40	0.40	0.43	0.12
麸皮	6.23	14.8	0.14	1.17	0.20	0.30	0.60	0.48	1.07	0.60	0.30
米糠饼	7.91	13.5	0.10	1.40	0.17	0.10	0.50	0.45	0.39	0.10
米糠	8.79	11.7	0.10	1.30	0.417	0.10	0.50	0.45	0.39	0.10
玉米胚饼	7.07	20.0	0.10	0.50	0.43	0.20	1.10	1.40	0.70	0.20
椰子饼	6.28	22.0	0.17	0.60	0.33	0.20	0.54	0.60	2.30	1.00	0.20
胡麻饼	5.90	32.0	0.35	0.75	0.47	0.56	1.10	1.10	2.60	1.70	0.47

（续）

饲料名称	代谢能（兆焦/千克）	粗蛋白质（%）	钙（%）	磷（%）	甲硫氨酸（%）	胱氨酸（%）	赖氨酸（%）	精氨酸（%）	苏氨酸（%）	异亮氨酸（%）	色氨酸（%）
花生饼	10.12	42.0	0.14	0.53	0.40	0.66	1.53	1.60	1.30	1.85	0.44
菜籽饼	7.53	36.0	0.71	1.0	0.64	0.40	1.69	4.60	1.49	1.34	0.36
棉仁饼	9.50	41.0	0.17	0.97	0.55	0.59	1.59	2.30	1.30	1.31	0.50
棉籽饼（掺有壳）	8.37	35.0	0.15	0.33	0.47	0.50	1.36	1.90	1.10	1.12	0.42
豆饼	10.12	42.0	0.20	0.60	0.60	0.60	2.70	3.20	1.70	2.80	0.65
葵仁饼	9.71	41.0	0.43	1.00	1.50	0.80	2.00	4.20	1.60	2.40	0.60
葵花子饼	9.41	35.0	0.37	0.85	0.64	0.55	1.40	2.58	1.48	1.40	0.35
豆粕	9.37	44.0	0.25	0.60	0.65	0.66	2.90	1.70	3.40	2.50	0.70
芝麻饼	10.88	42.0	2.00	1.30	1.45	0.60	1.37	5.00	1.70	2.28	0.80
蚕豆	11.72	24.5	0.24	0.43	0.20	0.25	1.30	3.00	0.80	0.90	0.20
肉骨粉（45）	7.20	45.0	11.00	5.90	0.53	0.26	2.20	2.70	1.60	1.70	0.18
肉骨粉（50）	7.99	50.0	9.20	4.70	0.67	0.33	2.60	3.30	1.70	1.80	0.26
肉骨粉（55）	8.34	55.0	7.90	4.00	0.75	0.68	3.00	1.80	1.00	0.35	—
秘鲁鱼粉	12.05	65.0	4.00	2.85	1.90	0.60	4.90	3.38	2.77	3.00	0.75
鱼粉（鲱鱼）	12.59.0	72.0	2.00	1.00	2.20	0.72	5.70	5.64	2.88	3.00	0.80
鱼粉	10.04	50.0	6.00	3.00	1.46	0.45	3.77	2.60	2.07	2.30	0.58
蟹粉	7.82	30.0	18.00	1.50	0.50	0.20	1.40	1.70	1.20	1.20	0.30
血粉	9.41	80.0	0.28	0.22	1.00	1.40	5.30	3.40	3.80	0.80	1.00
羽毛粉	9.83	85.0	0.20	0.70	0.55	3.00	1.05	3.93	2.80	2.66	0.40
假丝酵母	10.17	48.0	0.50	1.60	0.80	0.60	3.80	2.60	2.60	2.90	0.50
日晒木薯粉	2.51	15.0	1.40	0.20	0.20	0.17	0.60	0.58	0.44	0.35	0.18

（续）

饲料名称	代谢能/（兆焦/千克）	粗蛋白质（%）	钙（%）	磷（%）	甲硫氨酸（%）	胱氨酸（%）	赖氨酸（%）	精氨酸（%）	苏氨酸（%）	异亮氨酸（%）	色氨酸（%）
小麦次粉	10.88	12.5	0.13	0.32	0.12	0.10	0.30	0.10	0.28	0.43	0.12
鱼头粉	7.11	43.0	11.00	5.60	0.60	0.30	2.50	2.80	1.80	1.70	0.18
蚕蛹粉	10.75	68.0	1.20	0.73	2.70	0.70	4.39	3.65	3.14	2.89	0.50
蚕蛹	10.88	65.4	0.47	1.71	2.36	0.49	3.19	2.51	2.08	2.34	0.07
蝇幼虫	10.46	59.4	0.71	2.50	1.87	0.29	4.13	2.30	2.27	2.45	0.69
石灰石粉	—	—	34~38								
骨粉	—	—	25~32	11~15							

表 5-2　常用饲料中的矿物质含量

饲料名称	钙（%）	磷（%）	植酸磷（%）	钠（%）	钾（%）	铁/（毫克/千克）	铜/（毫克/千克）	锰/（毫克/千克）	锌/（毫克/千克）	硒/（毫克/千克）
玉米	0.02	0.27	0.15	0.01	0.29	36	3.4	5.8	21.1	0.02
高粱	0.13	0.36	0.19	0.03	0.34	87	7.61	17.1	20.1	<0.05
小麦	0.17	0.41	0.19	0.06	0.50	88	7.9	45.9	29.7	0.05
大麦（裸）	0.04	0.39	0.18	—	—	100	7.0	18.0	30.0	0.16
大麦（皮）	0.09	0.33	0.16	0.02	0.56	87	5.6	17.5	23.6	0.06
稻谷	0.03	0.36	0.16	0.04	0.34	40	3.5	20.0	8.0	0.04
糙米	0.03	0.35	0.20	—	—	78	3.3	21.0	10.0	0.07
碎米	0.06	0.35	0.20	—	—	62	8.8	47.5	36.4	0.06
粟（谷子）	0.12	0.30	0.19	0.04	0.43	270	24.5	22.5	15.9	0.08
大豆	0.27	0.48	0.18	0.04	1.70	111	18.1	21.5	40.7	0.06
木薯干	0.27	0				150	4.2	6.0	14.0	0.04
甘薯干	0.19	0.02				107	6.1	10.0	9.0	0.07
小麦次粉	0.08	0.52		0.06	0.60	140	11.6	94.2	73.0	0.07
小麦麸	0.11	0.92	0.68	0.07	0.88	170	13.8	104.3	96.5	0.07

（续）

饲料名称	钙（%）	磷（%）	植酸磷（%）	钠（%）	钾（%）	铁/（毫克/千克）	铜/（毫克/千克）	锰/（毫克/千克）	锌/（毫克/千克）	硒/（毫克/千克）
米糠	0.07	1.43	1.33	—	1.35	304	7.1	175.9	50.3	0.09
米糠饼	0.14	1.69	1.47	—	—	400	8.7	211.6	56.4	0.09
米糠粕	0.15	1.62	1.58	—	—	432	9.4	228.1	60.9	0.10
大豆饼	0.30	0.49	0.25	—	1.77	187	19.8	32.0	43.4	0.04
大豆粕	0.32	0.61	0.32	—	1.68	181	23.5	27.4	45.4	0.06
棉籽饼	0.21	0.83	0.55	0.01	1.20	266	11.6	17.8	44.9	0.11
棉籽粕	0.24	0.97	0.64	0.04	1.16	236	14.0	18.7	55.5	0.15
菜籽饼	0.62	0.96	0.63	0.02	1.34	687	7.2	78.1	69.2	0.29
菜籽粕	0.65	1.07	0.65	0.09	—	653	7.1	82.2	67.5	0.16
花生仁饼	0.25	0.53	0.22	—	1.15	347	23.7	36.7	52.5	0.06
花生仁粕	0.27	.0.56	0.23	0.07	1.23	368	25.1	38.9	55.7	0.06
葵花子饼	0.24	0.87	0.74	0.02	1.17	614	45.6	41.5	62.1	0.09
葵花子粕	0.26	1.03	0.87	0.01	1.23	310	35.0	35.0	80.0	0.08
亚麻仁饼	0.39	0.88	0.50	0.09	1.25	204	27.0	40.3	36.0	0.18
亚麻仁粕	0.42	0.95	0.53	0.14	1.38	219	25.5	43.3	38.7	0.16
玉米蛋白粉	0.07	0.44	0.27	0.01	0.30	51	1.9	5.9	19.2	0.02
玉米蛋白饲料	0.15	0.70	—	0.12	1.30	282	10.7	77.1	59.2	—
麦芽粉	0.22	0.73	—	—	—	198	5.3	67.8	42.4	
鱼粉（浙江）	5.74	3.12	0	0.91	1.24	670	17.9	27.0	123.0	1.77
鱼粉（秘鲁）	3.87	2.76	0	0.88	0.90	219	8.9	0.9	96.7	1.98
鱼粉（白）	7.00	3.50	—	0.97	1.10	80	8.0	9.7	80.0	1.50
鱼粉	0.29	0.31	0	0.31	0.90	2800	8.0	9.7	80.0	1.50
羽毛粉	0.20	0.68	0	0.70	0.30	1230	6.8	8.8	53.8	0.80
皮革粉	4.40	0.15	0	—	—	131	11.1	25.2	80.8	—

（续）

饲料名称	钙（%）	磷（%）	植酸磷（%）	钠（%）	钾（%）	铁/（毫克/千克）	铜/（毫克/千克）	锰/（毫克/千克）	锌/（毫克/千克）	硒/（毫克/千克）
甘薯叶粉	1.41	0.28	—	—	—	35	9.8	89.6	26.8	0.20
苜蓿草粉（19%粗蛋白）	1.4	0.51	—	—	—	372	9.1	30.7	17.1	0.45
苜蓿草粉（11.7%粗蛋白）	1.52	0.22	—	—	—	361	9.7	30.7	21.0	0.46
芝麻饼	2.24	1.19	—	0.04	1.39		50.4	32.0	2.4	—
肉骨粉	9.20	4.70	—	0.73	1.40	500	1.5	12.3	—	0.25
啤酒糟	0.32	0.42	—	0.25	0.80	274	20.1	35.6	—	0.60
啤酒酵母	0.16	1.02	—	—	—	902	61.0	23.3	86.7	—
乳清粉	0.87	0.79	—	2.50	1.20	160	—	4.6	—	0.06

表5-3　每千克常用饲料中维生素的含量（给饲状态）

（单位：毫克）

饲料名称	β-胡萝卜素	维生素E	维生素K	维生素B$_1$	维生素B$_2$	维生素B$_6$	维生素B$_{12}$	生物素	叶酸	烟酸	泛酸	胆碱
玉米	4.0	8	0.5	3	1.2	8.0	0	50	0.3	20	6	500
大麦	4.0	7	—	4	1.5	1.3	0	150	0.3	60	7	1000
燕麦	0	8	0.8	6	1.0	1.3	0	200	0.3	15	12	1000
高粱	—	12	—	4	1.2	6.0	0	200	0.2	30	12	500
小麦	0	11	0.5	5	1.1	3.0	0	100	0.3	30	12	800
稻米	—	13	—	3	3.0	—	0	80	0.4	30	10	1000
小麦麸	2.0	17	—	6	1.5	6.0	0	110	1.5	200	30	1100
小麦粗粉	—	18	—	5	1.5	6.0	0	100	1.0	100	15	1100
蚕豆	—	1	—	5	—	—	0	90	—	20	3	1600
大豆油粕	0.2	3	—	3	—	—	0	300	—	30	15	2700
棉籽油粕	—	12	—	8	5.0	4.0	0	500	2.5	40	18	2700

饲料名称	β-胡萝卜素	维生素E	维生素K	维生素B₁	维生素B₂	维生素B₆	维生素B₁₂	生物素	叶酸	烟酸	泛酸	胆碱
花生仁粕	—	2	—	7	10.0	4.0	0	350	—	170	35	2000
葵花子粕	0	10	—	0	3.0		0	0		200	10	2000
亚麻籽粕	—	7	—	7	3.0		0	—	2.0	30	15	1700
玉米面筋粉	7.0	15	—	2	2.5	15.0	0	150	0.3	70	17	2000
鱼粉	—	2	3	1	7.0	1.1	150	200	0.2	60	10	3600
肉骨粉	—	1	—	0	5.0		40	70	1.5	50	3	1800
鱼膏干	—	—	—	6	8.0	10.0	200	200	—	230	45	5000
脱水苜蓿粉	100.0	80	16	3	15.0	5.0		300	2.0	40	20	1200
木薯	0	0	0	0	0	0.6		0	0	3	0	0
饲料酵母干	—	—	—	30	60.0	35.0	0	1000	20.0	500	90	3000

注：维生素 A、维生素 D₃ 和维生素 C 在饲料内的含量是可以忽略的，或者完全没有；未写数据的空白，是没有可提供的有价值的材料；生物素、烟酸和胆碱仅一部分有生物学活性。

表5-4　常用饲料中的脂肪和亚油酸含量

饲　　料	干物质（%）	粗脂肪（%）	亚油酸（%）
黄玉米	89	4.0	2.0
高粱	89	2.8	1.1
小麦	87	1.9	0.6
粗米	—	2.5	0.9
小麦麸	—	4.3	2.4
玉米油	100	100	55.0
大豆油	100	100	51.9
葵花子油	100	100	51.0
棉籽油	100	100	53.0
花生油	100	100	20.0

饲　　料	干物质（%）	粗脂肪（%）	亚油酸（%）
菜籽油	100	100	17.0 ~ 19.7
禽类脂肪	100	100	4.3
牛油	100	100	4.3
猪油	100	100	18.0
鱼油	100	100	3.0
肉粉	92	7.0	0.3
鱼粉	91	9.0	0.1

第三节　山鸡的饲养标准和日粮配制

一　山鸡的营养需要

山鸡为了生存和从事各种生产活动，需要不断地从饲料中获得蛋白质、碳水化合物、脂肪、矿物质、维生素和水分等各种营养物质。而这些营养物质被消化吸收后，首先用于维持正常体温和机体代谢等各种生理活动的消耗，然后再用于生长、育肥、产蛋等各种生产需要。所谓山鸡的营养需要，就是指每只山鸡每天对能量及蛋白质、氨基酸、矿物质和维生素等各种营养物质的需要量。随着营养科学的不断发展，山鸡所需要的营养物质的种类越来越多，对各种营养物质的需要量也越来越准确。山鸡除需要能量和蛋白质外，还规定了各种必需氨基酸、常量矿物元素及微量元素和维生素的含量。

由于各种山鸡的生理状态和生产性能的不同，它们所需要的营养物质的种类及其需要量也不一样。研究山鸡的营养需要，探讨营养物质需要的特点，是合理配合日粮，实现科学饲养的关键。

山鸡的营养需要特点不同，对营养物质的需要量也有差异，但其共同的特点是：对各种营养物质的需要量都比较高，要求营养物质的种类多、质量好。各种饲养标准规定的营养指标都比较多，甚至达 30 ~ 40 个。在生产实践中，要参照饲养标准，结合

生产实践，科学地制定配方，保证饲料的供给，以满足山鸡对能量、蛋白质、矿物质和维生素等各种营养物质的需要。

在能量与蛋白质的供给方面，山鸡有根据环境温度及能量调节采食的能力，即在低温时的采食量比高温时多，因此，应根据季节变化调整日粮养分含量和蛋白质能量比（以下简称蛋能比），夏季加大蛋能比，而冬季适当降低蛋能比，以保证山鸡采食的养分含量满足营养需要量。要控制粗纤维的含量，保证蛋白质的供给，特别是各种必需氨基酸数量的满足及比例上的协调，力求达到氨基酸的平衡。矿物质的供给方面要考虑地区性差异及各矿物质元素间的相互作用。而维生素的添加则必须注意不同生理状态和环境因素（如应激条件）对维生素需要量的影响。

二 山鸡的饲养标准

山鸡的饲养标准就是通过长期的试验研究和饲养实践，对不同品种、不同生理状况、不同生产目的和生产水平的山鸡，科学地规定出每只山鸡每天应当供给的各种营养物质的含量和比例，这种按山鸡不同情况规定的定额指标就称为饲养标准。

一是按每天每只山鸡的养分需要量表示；二是按每千克日粮中营养物质的含量表示。

目前，我国鸡的饲养标准很多，但山鸡的饲养标准很少，由于山鸡品种、饲养方式和用途不同，饲养标准也有一定的差异，表5-5为美国NRC-NAS（1994）推荐的需要量，表5-6为中国农科院农林特产研究所提供的我国山鸡各阶段饲养标准参考表。近年来，随着山鸡生产性能的不断提高，以及山鸡规模化的生产方式，饲养标准也需要做适当的调整。表5-7和表5-8是上海红艳山鸡孵化专业合作社提供的肉用和笼养蛋用山鸡营养需要推荐量。

表5-5　美国NRC-NAS（1994）山鸡饲养标准（90%干物质）

营养成分	1~4周龄	5~8周龄	8~17周龄	成年种雏
代谢能/（千焦/千克）	11.72	11.30	11.72	11.72
粗蛋白质（%）	28	24	18	15

营 养 成 分	1～4 周龄	5～8 周龄	8～17 周龄	成年种雉
甘氨酸＋丝氨酸（％）	1.80	1.55	1.00	0.50
亚油酸（％）	1.00	1.00	1.00	1.00
赖氨酸（％）	1.50	1.40	0.80	0.68
甲硫氨酸（％）	0.50	0.47	0.30	0.30
甲硫氨酸＋胱氨酸（％）	1.00	0.93	0.60	0.60
钙（％）	1.00	0.85	0.53	2.50
氯（％）	0.11	0.11	0.11	0.11
非植酸磷（％）	0.55	0.50	0.45	0.40
钠（％）	0.15	0.15	0.15	0.15
锰/（毫克/千克）	70	70	60	60
锌/（毫克/千克）	60	60	60	60
胆碱/（毫克/千克）	1430	1300	1000	1000
烟酸/（毫克/千克）	70	70	40	30
泛酸/（毫克/千克）	10	10	10	16
核黄素/（毫克/千克）	3.4	3.4	3.0	4.0

表5-6　我国山鸡各阶段饲养标准参考表

营 养 素	育雏期（0～4 周龄）	育肥前期（4～12 周龄）	育肥后期（12 周龄至出售）	种雉休产期或后备种雉	种雉产蛋期
代谢能/（千焦/千克）	12.13～12.55	12.55	12.55	12.13～12.55	12.13
粗蛋白质（％）	26～27	22	16	17	22
赖氨酸（％）	1.45	1.05	0.75	0.80	0.80
甲硫氨酸（％）	0.60	0.50	0.30	0.35	0.35
甲硫氨酸＋胱氨酸（％）	10.05	0.90	0.72	0.65	0.65
亚油酸（％）	1.0	1.0	1.0	1.0	1.0
钙（％）	1.3	1.0	1.0	1.0	2.5
磷（％）	0.90	0.70	0.70	0.70	1.0
钠（％）	0.15	0.15	0.15	0.15	0.15

（续）

营 养 素	育雏期 （0~4周龄）	育肥前期 （4~12周龄）	育肥后期 （12周龄 至出售）	种雉休产期 或后备种雉	种雉产蛋期
氯（%）	0.11	0.11	0.11	0.11	0.11
碘（%）	0.30	0.30	0.30	0.30	0.30
锌/（毫克/千克）	62	62	62	62	62
锰/（毫克/千克）	95	95	95	70	70
维生素A/（国际 单位/千克）	15000	8000	8000	8000	20000
维生素D/（国际 单位/千克）	2200	2200	2200	2200	4400
维生素B/ （毫克/千克）	3.5	3.5	3.0	4.0	4.0
烟酸/ （毫克/千克）	60	60	60	60	60
泛酸/ （毫克/千克）	10	10	10	10	16
胆碱/ （毫克/千克）	1500	1000	1000	1000	1000

表5-7 肉用山鸡营养需要推荐量

营养指标	饲 养 阶 段		
	母0~4周龄 公0~3周龄	母5~8周龄 公4~5周龄	母8周龄以上 公5周龄以上
代谢能/（千焦/千克）	2900	3000	3100
粗蛋白质（%）	25.0	21.0	18.0
钙（%）	1.00	0.90	0.80
总磷（%）	0.68	0.65	0.60
有效磷（%）	0.45	0.40	0.35
食盐（%）	0.32	0.32	0.32
甲硫氨酸（%）	0.55	0.44	0.38
赖氨酸（%）	1.25	1.08	0.96

营养指标	饲养阶段		
	母 0~4 周龄	母 5~8 周龄	母 8 周龄以上
	公 0~3 周龄	公 4~5 周龄	公 5 周龄以上
甲硫氨酸 + 胱氨酸（%）	1.01	0.80	0.73
色氨酸（%）	0.21	0.20	0.18
精氨酸（%）	1.42	1.22	1.13
亮氨酸（%）	1.37	1.20	1.05
异亮氨酸（%）	0.90	0.81	0.70
苯丙氨酸（%）	0.82	0.72	0.63
苯丙氨酸 + 酪氨酸（%）	1.52	1.35	1.13
苏氨酸（%）	0.90	0.82	0.77
缬氨酸（%）	1.02	0.91	0.79
组氨酸（%）	0.39	0.35	0.30
甘氨酸 + 丝氨酸（%）	1.42	1.26	1.09
维生素 A/（国际单位/千克）	5000	5000	5000
维生素 D_3/（国际单位/千克）	1000	1000	1000
维生素 E/（毫克/千克）	10.0	10.0	10.0
维生素 K_3/（毫克/千克）	0.5	0.5	0.5
维生素 B_1/（毫克/千克）	1.8	1.8	1.8
维生素 B_2/（毫克/千克）	3.6	3.6	3.0
泛酸/（毫克/千克）	10.0	10.0	10.0
烟酸/（毫克/千克）	35.0	30.0	25.0
维生素 B_6/（毫克/千克）	3.5	3.5	3.0
生物素/（毫克/千克）	0.15	0.15	0.15
胆碱/（毫克/千克）	1000	750	500
叶酸/（毫克/千克）	0.55	0.55	0.55
维生素 B_{12}/（毫克/千克）	0.01	0.01	0.01
铜/（毫克/千克）	8.0	8.0	8.0
铁/（毫克/千克）	80.0	80.0	80.0
锌/（毫克/千克）	60.0	60.0	60.0
锰/（毫克/千克）	80.0	80.0	80.0

（续）

营养指标	饲养阶段		
	母0~4周龄 公0~3周龄	母5~8周龄 公4~5周龄	母8周龄以上 公5周龄以上
碘/（毫克/千克）	0.35	0.35	0.35
硒/（毫克/千克）	0.15	0.15	0.15

表5-8　笼养蛋用山鸡营养需要推荐量

营 养 指 标	饲 养 阶 段			
	0~6周龄	7~18周龄	19周龄至开产	产蛋期
代谢能/（千焦/千克）	2900	2800	2750	2750
粗蛋白质（%）	25.0	16.0	16.5	18.0
钙（%）	0.90	0.90	1.80	3.50
总磷（%）	0.65	0.61	0.63	0.70
有效磷（%）	0.40	0.36	0.38	0.45
食盐（%）	0.35	0.35	0.35	0.35
甲硫氨酸（%）	0.74	0.35	0.58	0.57
赖氨酸（%）	1.76	0.91	0.77	1.14
甲硫氨酸+胱氨酸（%）	1.35	0.74	0.76	1.14
色氨酸（%）	0.35	0.19	0.19	0.24
精氨酸（%）	1.93	1.06	0.99	1.35
亮氨酸（%）	1.84	0.90	0.91	1.22
异亮氨酸（%）	1.17	0.67	0.61	0.85
苯丙氨酸（%）	1.00	0.58	0.55	0.73
苯丙氨酸+酪氨酸（%）	1.68	0.98	0.90	1.20
苏氨酸（%）	1.13	0.63	0.60	0.80
缬氨酸（%）	1.17	0.63	0.63	1.00
组氨酸（%）	0.55	0.29	0.27	0.37
甘氨酸+丝氨酸（%）	1.50	0.84	0.82	1.11
维生素A/（国际单位/千克）	7200	5400	7200	10800
维生素D/（国际单位/千克）	1440	1080	1620	2160
维生素E/（毫克/千克）	18.0	9.0	9.0	27.0

营 养 指 标	饲 养 阶 段			
	0~6周龄	7~18周龄	19周龄至开产	产蛋期
维生素 K_3/（毫克/千克）	1.4	1.4	1.4	1.4
维生素 B_1/（毫克/千克）	1.6	1.4	1.4	1.8
维生素 B_2/（毫克/千克）	7.0	5.0	5.0	8.0
泛酸/（毫克/千克）	11.0	9.0	9.0	11.0
烟酸/（毫克/千克）	27.0	18.0	18.0	32.0
维生素 B_6/（毫克/千克）	2.7	2.7	2.7	4.1
生物素/（毫克/千克）	0.14	0.09	0.09	0.18
胆碱/（毫克/千克）	1170	810	450	450
叶酸/（毫克/千克）	0.90	0.45	0.45	1.08
维生素 B_{12}/（毫克/千克）	0.009	0.005	0.007	0.010
铜/（毫克/千克）	5.40	5.40	7.00	7.00
铁/（毫克/千克）	54.00	54.00	72.00	72.00
锌/（毫克/千克）	54.00	54.00	72.00	72.00
锰/（毫克/千克）	72.00	72.00	90.00	90.00
碘/（毫克/千克）	0.60	0.60	0.90	0.90
硒/（毫克/千克）	0.27	0.27	0.27	0.27

三 山鸡日粮的配制

1. 配合饲料的分类

按营养成分分类，配合饲料主要分为以下几种：

（1）全价配合饲料 全价配合饲料是采用科学配方和通过合理加工得到的营养全面的复合饲料，能满足山鸡的各种营养需要，经济效益高，是理想的配合饲料。全价配合饲料可由各种饲料原料加上预混饲料配制而成，也可由浓缩料稀释而成。目前，国内专门生产山鸡的全价配合饲料的商品饲料厂很少。多数养殖场购买蛋鸡或肉鸡的全价配合饲料代替或在场内自己配制或委托生产。

（2）浓缩饲料 浓缩饲料是由蛋白质饲料、矿物质饲料与添加剂预混料按要求混合而成的，不能直接饲喂山鸡。

第五章 山鸡的营养需要和日粮配制

（3）添加剂预混料　添加剂预混料是由各种营养性和非营养性添加剂加载体混合而成的，是一种饲料半成品，可供生产浓缩饲料和全价饲料使用。

（4）混合饲料　混合饲料是由能量饲料、蛋白质饲料、矿物质饲料按一定比例组合而成的，基本上能满足山鸡的营养需要，但营养不够全面，只适合农村散养户搭配一定青绿饲料饲喂。

2. 日粮的配制原则

给山鸡配制日粮，应遵循以下原则：

1）配合日粮要以饲养标准为基础，根据本场山鸡生产水平、健康水平、生产方式及气候情况，将饲养标准做适当的调整。在确定日粮能量的前提下，再确定其他营养水平。

2）日粮各养分含量确定后，要有一份适合本场所用饲料的化学成分表，有条件的可把所有饲料进行营养成分分析，特别是饲料的几种常规成分。

3）必须注意日粮的适口性，除饲料多样性外，要防止霉变和受污染的饲料混入。

4）所选择的饲料，要考虑经济的原则。做到既满足山鸡的需要，又能降低日粮成本。

5）配合饲料必须考虑山鸡的消化生理特点，选用适宜的原料。

6）所选用的饲料应是来源广而稳定的。

7）配合日粮必须搅拌均匀，加工工艺合理。

3. 山鸡的日粮配方

山鸡的日粮配方通常由下列成分混合而成（见表5-9、表5-10和表5-11）：

1）谷物类：提供能量、碳水化合物和蛋白质。

2）植物蛋白和动物蛋白：提供氨基酸。

3）油和脂肪：提供能量和亚油酸。

4）合成氨基酸（如赖氨酸和甲硫氨酸）。

5）矿物质。

6）维生素。

7）添加剂。

表5-9　山鸡的日粮配方

饲料种类	幼雏 （0~4周龄）	中雏 （5~10周龄）	大雏11周龄 至性成熟	繁殖准备期	繁殖期
玉米（%）	38.0	45.0	46.0	45.0	41.0
高粱（%）	3.0	5.0	10.0	5.0	—
麦麸（%）	3.0	10.0	15.0	10.0	8.0
豆饼（%）	20.0	18.0	20.0	18.0	17.0
大豆粉（%）	10.0	5.6	4.3	10.3	10.0
酵母（%）	4.0	4.0	—	3.3	7.0
鸡蛋（%）	10.0	—	—	—	—
鱼粉（%）	10.0	8.0	—	3	10.0
骨粉（%）	2.0	4.0	4.3	5	6.6
食盐（%）	—	0.4	0.4	0.4	0.4
合计（%）	100.0	100.0	100.0	100.0	100.0

表5-10　山鸡的日粮配方（幼雏、成雉、产蛋种雉用）

饲料种类	幼雏	育成山鸡	成年山鸡	种雉（产蛋）
玉米（%）	35.85	43.75	20.55	51.55
高粱（%）	10.0	15.0	30.0	10.0
大豆粕（%，粗蛋白质45%）	30.0	5.0	2.0	14.0
棉籽粕（%）	—	—	2.0	—
菜籽粕（%）	—	2.0	—	—
鱼粉（%）	10.0	4.0	3.0	6.0
白鱼粉（%）	5.0	—	—	—
鱼汁吸附饲料（%）	2.0	2.0	—	2.0
肉骨粉（%）	3.0	—	—	2.0
小麦麸（%）	—	15.0	15.0	5.0
脱脂米糠（%）	—	10.0	15.0	—
玉米淀粉渣（%）	—	—	7.0	—
苜蓿粉（%，脱水）	2.0	2.0	4.0	2.0

（续）

饲 料 种 类	幼雏	育成山鸡	成年山鸡	种雏（产蛋）
饲料酵母（%）	0.6	—	—	1.0
可溶玉米干酒糟（%）	1.0	—	—	1.0
动物性油脂（%）	—	—	—	1.0
食盐（%）	0.25	0.25	0.25	0.25
碳酸钙（%）	0.1	0.8	1.0	4.8
磷酸氢钙（%）	—	—	—	0.2
维生素混合剂（7,%）	0.1	0.1		
维生素混合剂（8,%）	—	—	0.1	0.1
矿物质混合剂（6,%）	0.1	0.1		
矿物质混合剂（7,%）	—	—	0.1	0.1
粗蛋白质（%）	30.8	16.4	15.5	19.1
粗脂肪（%）	3.9	3.8	3.4	4.8
粗纤维（%）	3.2	4.3	5.4	3.0
粗灰分（%）	6.7	5.3	5.9	9.1
代谢能/（千焦/千克）	2819	2701	2530	2810
钙（%）	1.31	0.72	0.73	2.55
总磷（%）	0.95	0.74	0.83	0.65
赖氨酸（%）	1.75	0.72	0.63	0.92
甲硫氨酸（%）	0.47	0.24	0.21	0.28
甲硫氨酸＋胱氨酸（%）	0.87	0.50	0.45	0.57
苏氨酸（%）	1.06	0.56	0.53	0.65
色氨酸（%）	0.35	0.19	0.18	0.21

表 5-11　美国的山鸡饲料配方

饲 料 种 类	幼雏（0～4周龄）	中雏（5～10周龄）	大雏11周龄至性成熟	繁殖准备期	繁育期
玉米（%）	38.0	45.0	46.0	45.0	41.0
高粱（%）	3.0	5.0	10.0	5.0	—
麦麸（%）	3.0	10.0	15.0	10.0	8.0
豆饼（%）	20.0	18.0	20.0	18.0	17.0

饲 料 种 类	幼雏（0～4周龄）	中雏（5～10周龄）	大雏11周龄至性成熟	繁殖准备期	繁育期
大豆粉（%）	10.0	5.6	4.3	10.3	10.0
酵母（%）	4.0	4.0	—	3.3	7.0
鸡蛋（%）	10.0	—	—	—	—
鱼粉（%）	10.0	8.0	—	3.0	10.0
骨粉（%）	2.0	4.0	4.3	5.0	6.6
食盐（%）	—	0.4	0.4	0.4	0.4
合计（%）	100.0	100.0	100.0	100.0	100.0

尽管动物蛋白一般比植物蛋白具有更为平衡的必需氨基酸，但植物蛋白的组合也可与任何动物蛋白一样实现氨基酸平衡。因此，动物蛋白不是必需的，山鸡可用全植物蛋白（见表5-12）进行饲养。重要的是日粮中的氨基酸平衡，这个平衡可通过动物蛋白或植物蛋白的组合或添加氨基酸而实现。

表5-12　山鸡日粮　　（单位：克/千克）

组 成 成 分	育雏期		育成期	过渡期	产蛋期
	不加肉粉	加肉粉			
玉米	469.92	420.89	429.54	717.48	575.66
豆粕（48%粗蛋白质）	320.33	199.62	229.22	99.56	100.23
米糠	7.55	107.06	145.03	—	148.93
小麦糠	—	—	—	130.12	—
玉米麸质粉-62	99.96	100.07	100.14	5.77	50.83
肉粉	—	97.90	—	9.12	—
棉籽粉	49.98	50.04	50.07	—	50.11
石灰石	13.66	7.08	12.21	15.98	43.66
维生素预混料	9.47	9.47	9.48	9.43	9.50
磷酸氢钙	21.69	—	16.65	7.90	15.44
脂肪	—	—	—	—	0.59
盐	2.25	2.25	2.25	2.24	2.25
氧化锌	1.08	1.08	1.08	1.08	1.08

（续）

组成成分	育雏期		育成期	过渡期	产蛋期
	不加肉粉	加肉粉			
硫酸锌	0.90	0.90	0.90	0.90	0.90
甲硫氨酸	—	—	—	0.42	—
赖氨酸	3.21	3.64	3.43	—	0.82
合计	1000	1000	1000	1000	1000

4. 日粮能量的重要性

所有日粮必须适当地将与代谢能（ME）含量相关的营养物质保持平衡，因为山鸡通常"因能而食"，所以要吃到满足能量需要，如果日粮中的能量保持稳定，山鸡在冬季比夏季吃更多的饲料，下面的例子表明日粮的营养物质调整必须考虑代谢能：

日粮 A 和日粮 B 都含有 20% 粗蛋白质（CP）。

日粮 A 含有能量 2800 千焦/千克。

日粮 B 含有能量 3000 千焦/千克。

假如山鸡每天需要能量 200 千焦，日粮将饲喂下列数量：

日粮 A 消耗：200 千焦/天÷2800 千焦/千克 =71.4 克/天。

日粮 B 消耗：200 千焦/天÷3000 千焦/千克 =66.7 克/天。

每天的蛋白质采食量如下：

日粮 A：20%×71.4 克 =14.3 克。

日粮 B：20%×66.7 克 =13.3 克。

山鸡食用日粮 A 比日粮 B 生长更好，因为可多吃 1 克蛋白质。为了保证山鸡的生长，使用日粮 B，它们的蛋白质采食量应为 14.3 克，故日粮 B 的蛋白质含量必须从 20% 增加到 21.4%，计算如下：

14.3 克÷66.7 克×100% =21.4%。

由于以上说明，山鸡的日粮需要在较冷的气候比较暖的气候有更高的能量水平，所以，如果在冬季饲喂夏季的日粮，山鸡将增加非必需的其他营养物质摄入，如果将补饲脂肪以适当的数量添加到冬季日粮中，可防止其他营养物质的浪费。

在其他方面，建议在夏季减少日粮的能量水平，以刺激山鸡食欲，防止其他营养物质摄入减少，另外增加日粮中除了能量外的其他营养物质的含量，以维持适当的采食水平。

若高温季节，种山鸡日粮中代谢能含量高于 2800 千焦/千克，种山鸡通常吃得过多，母山鸡因吃得过多可能变得比要求的更重，并生产更大的蛋，而山鸡蛋的生产量可能会减少。

过量饲喂造成公山鸡过重，对受精不好，而公山鸡饲养在较低的营养水平中，体重保持较轻则更有活力和受精力。

四　日粮配方设计的方法

日粮配方设计的方法很多，常见的有试差法、方形法、电子计算机法等。

1. 试差法

试差法是根据饲养标准和以往的饲养经验，选用适当的饲料原料（包括添加剂），先大致确定其用量百分比，然后计算出各种营养成分的含量，并与饲养标准进行比较。如果某些营养成分低或高于饲养标准，则酌情增减提供这种营养成分的主要饲料原料或使用某些添加剂。经过几次调整，最后满足饲养标准的要求。

2. 方形法（四角法）

方形法直观易懂，适用于饲料种类和营养指标较少时的配方拟定。如果将该法与试差法结合起来，经过几次调整，可使多项营养指标得到满足。

3. 电子计算机法

上述两种配方设计方法都不能进行配方优化，既不能给出最低成本配方，也很难对原料的取舍进行科学决策。

借助于计算机可以完全克服手工计算法的缺点，并能够根据配方设计人员设定的条件在满足饲养标准要求的前提下，经过优化，给出最低成本配方，从而极大地提高配方设计的效率和准确性，并能够得到更多的参考信息，尤其是原料采购信息等。

在进行计算机操作之前，必须先为计算机安装饲料配方软件。当前可以选用的这类软件很多，功能和所提供的信息有很大的差异。最简单的软件只能通过线性规划进行配方优化，并根据配方设计人员设定的限制条件给出最低成本配方。

五 饲料的形态及特点

饲料按形状可分为粉料、粒料、颗粒料和碎粒料。

1. 粉料

粉料是将日粮中的全部饲料调成粉状，然后加上维生素、微量元素添加剂混拌均匀而成的。粉料的优点是山鸡不能挑食，可以吃到完全的配合饲料，而且粉料吃得慢，所有的山鸡都能均匀采食。另外，粉料也不容易腐败变质，节省劳力。粉料适于各种类型和不同日龄的山鸡。但应注意，粉料不应磨得过细，否则适口性差，采食量少，易飞扬损失。

2. 粒料

粒料主要是碎玉米、草籽、土粮等，山鸡最喜欢吃粒料，采食容易，消化时间长，适于傍晚饲喂。粒料营养不全面，多与粉料配合使用，或者限制饲喂时于停料日饲喂。

3. 颗粒料

将日粮原料粉碎，混合后再用颗粒机压成颗粒，颗粒易于采食，节省采食消耗的能量与时间，有防止山鸡挑食而保证平衡日粮的作用。制粒时，蒸汽可以灭菌，消灭虫卵，有利于淀粉的糊化，从而提高利用率，减少采食与运输时的粉尘损失。

4. 碎裂料

将日粮先加工成颗粒然后再打成碎料制成碎裂料。它具备颗粒料的一切优点，而且采食时间长，适于各种年龄的山鸡采食。颗粒的大小由环模的孔隙大小所决定，大孔隙的环模制大粒的颗粒，制小颗粒就要换上小孔隙的环模。碎裂料的加工成本较高，并仍需要注意山鸡发育过肥、产蛋率下降或发生啄癖现象，饲喂时应限制给料量。

第六章
山鸡的饲养管理

第一节　育雏期饲养管理

育雏是山鸡人工养殖过程中最关键的一个环节，育雏期饲养管理的好坏将直接影响到山鸡以后各阶段的生长发育，甚至决定了山鸡养殖的成败，因此必须充分重视、精心培育。

一　育雏方式

大多数山鸡养殖场采用平面育雏，主要有育雏箱、地面平养（见图6-1）、网上平养等方式。但也有的在多层笼中饲养，在3周龄时转到地面上饲养。地面饲养比较常用，主要是考虑成本、能源和劳动方面的因素。

在市场上有多种类型的多层育雏笼，有些专门是为特禽设计的，其他的是为家禽设计的，但可修改为山鸡的笼子，这种育雏方法的优点是容易观察雏山鸡，使寄生虫疾病减少，比平面育雏更有效地利用育雏舍的空间和热能，适用于规模化养殖场的成批量山鸡育雏；缺点是需要更多的劳动力清洗设备，还要细心照料雏山鸡，规模化生产最初购买笼子的费用很高。

图6-1　地面平养

　　育雏笼以 3～4 层叠层的方式排列来进行育雏，每层笼隔成小间，山鸡应放在每层笼的隔间中。随着山鸡的长大，每周适当地减少每个隔间中山鸡的数量，降低饲养密度，防止啄癖和应激。最初，每层笼应空出两个隔间，以便将其他隔间中饲养的山鸡搬入。为减少腿关节损伤，在加热时底面应用粗糙的纸或其他合适的材料铺垫，可以用 6.3 毫米孔的聚乙烯垫子，它具有耐用、能清洗并重复使用几年的好处，如彩图 14 所示。

　　1. 地面空间要求

　　为使鸡群啄癖和应激最小化，在育雏期间必须给山鸡提供适当的地面空间，表 6-1 列出了地面和育雏笼底部空间的大小。

表6-1　育雏空间推荐

品　　种	每只雏山鸡的占地面积/米²	
	出雏至 2 周龄	3～6 周龄
山鸡（中型）	0.0232	0.0697
山鸡（大型）	0.0310	0.0929

2. 育雏舍加热系统

热源通常是一种由金属片或木头制的圆形或椭圆形的向下弯曲的育雏伞，如图 6-2 所示。

图 6-2　育雏伞加热

金属电热育雏伞或气体育雏伞的直径一般为 1.8 米、2.4 米和 3.6 米，可分别容纳 500 只、700 只和 1000 只雏山鸡。扁平的育雏伞（平顶）一般有一个直径为 1.2 米的伞盖悬挂在离地面 0.6 米处，这样育雏伞可容纳 500~600 只雏山鸡。

地面加热的另一种方法：通过铺设于育雏舍水泥地下的热水管系统加热（地暖），由恒温控制的锅炉提供热水。

采用立体笼育雏时，一般笼内采用电热管供暖，舍温可用暖气或热风供暖，但此方法需要较大的设备投入，并且对饲料营养和饲养管理的技术要求较高。

二 育雏要求

1. 温度

简单的方法是开始将育雏温度设定为 35℃，以后每周下降约 2.5℃，直到雏山鸡羽毛长齐，在这个日龄，雏山鸡能够忍受舍温的正常波动；如果雏山鸡在运输途中已经发生长时间的冷应

激，可将育雏伞温度设定为38℃，经几个小时雏山鸡足够温暖以后，育雏伞温度可下降到35℃。

雏山鸡的良好表现说明育雏环境是适宜的，有嘈杂声的雏山鸡群通常是有问题的，一般为育雏温度太高或太低，太高的温度将引起雏山鸡挤到护栏（育雏保护装置）的周边；在低温时，雏山鸡在育雏伞下挤作一团，如图6-3所示。

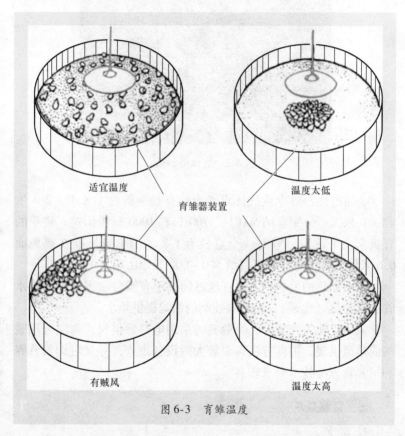

图6-3　育雏温度

理想的育雏环境温度是21～35℃，雏山鸡可以适应这个温度范围。冷应激是最危险的，常常导致刚育雏的雏山鸡死亡。

笼养育雏的温度要求较高，表6-2为上海红艳山鸡孵化专业合作社推荐的在笼养情况下育雏期不同日龄的山鸡的适宜温度。

表6-2 不同日龄的雏山鸡对温度的要求

育雏期	1~3日龄	4~7日龄	2周龄	3~4周龄	5~6周龄
温度/℃	37~39	35~36	30~33	26~28	25~26

注：1. 温度应视雏山鸡群的情况做调整。

2. 育雏温度是指育雏笼内的温度。

⚠️ **【注意】** 雏山鸡在运输中的冷应激在到达养殖场时表现出正常，但它们到达以后2~3天开始死亡。

2. 湿度

适宜的环境湿度可使雏山鸡休息舒适、食欲良好、发育正常；环境湿度过高或过低则易影响雏山鸡体内的水分蒸发和卵黄吸收，严重影响雏山鸡的健康生长。衡量环境湿度是否适宜的简便方法是以人进入育雏室不感到干燥为宜，适宜的育雏湿度是：1周龄内为65%~70%；1~2周龄为60%~65%；2周龄以后为55%~60%。若湿度过低，可在室内放置水盘或地面洒水；过高时，则应加强通风。

3. 通风

不良的通风也是山鸡养殖场的主要问题，育雏舍整个时期必须有一些空气流动（或通风），在第1周的育雏中要求最小的空气流动，此后，增加空气流动可以减少灰尘、降低温度和湿度并减少臭气。过多的灰尘能引起山鸡呼吸问题，灰尘也是病原微生物和沙门氏菌的携带者。

氨气含量的高低也是一个问题。在15毫克/米³时能感觉到；在50毫克/米³时，眼睛开始发痒同时可影响山鸡的生长。

控制通风，排风扇应安装在墙上，离地面1.5~1.8米，如果建筑物没有隔墙，一系列排风扇需要提供一致的风速通过鸡舍。正常情况下，空气进口位于对面的墙上，应有足够的高度使空气在雏山鸡群上方流动。6.5厘米²进风口每分钟可排出空气0.1米³，当排风扇打开期间使用遮光罩时，空气进风口应增加到 8 厘米^2。

4. 光照

在育雏期提供光照的时间和强度对于控制啄癖和雏山鸡多余的活动是很关键的。

育雏的第 1 周，维持光照度 30～50 勒克斯，用白炽灯或温暖的荧光灯，通过调光开关能将光照度减少到 5 勒克斯，可以为雏山鸡采食和饮水提供足够的光照。

合理的育雏光照除充分利用自然光照外，还应补充一定的人工光照。光照度和光照时间一般为：第 1 周 20 勒克斯，24 小时；第 2 周 20 勒克斯，16 小时；第 3 周及以后 20 勒克斯，可采用 12 小时光照。

育成期只可逐步缩短光照时间，不可延长光照时间；产蛋期只可延长光照时间，不可缩短光照时间。表 6-3 为上海红艳山鸡孵化专业合作社推荐的光照方案。

表6-3　山鸡光照方案

育　雏　期	光照时间/小时	光照度/勒克斯
1～2 日龄	24	30
3～7 日龄	20	
2 周龄	16	
3 周龄	12	5
4～20 周龄	9	
21 周龄	10	
22 周龄	13	
23 周龄	13.5	
24 周龄	14	10～30
25 周龄	14.5	
26 周龄	15	
27 周龄	15.5	
28 周龄以后	16	

注：光照度应在山鸡头部的高度测定。

5. 育雏护栏和吸引光

利用育雏护栏，保证雏山鸡接近热源和食物（见图6-4）。这个护栏应围住育雏伞热源、热水管或加热板。育雏护栏最初应放置在距离热源约50厘米处，并每天扩展让圈内有更大的空间，护栏应在7~9天以后搬开，让雏山鸡进入房间。在开始的几天，在育雏伞下用7.5瓦红光灯或热源引导雏山鸡到热源处。

图6-4　育雏护栏

6. 垫料

育雏舍地面上可铺多种垫料，理想的垫料应是无毒的、便宜的并具有良好吸水性的（见表6-4），如木屑和谷壳。在育雏开始7~10天必须覆盖垫料，以防止雏山鸡吃垫料，这样发育的嗉囊不会受到影响。选择垫料时通常考虑可用性和价格。

表6-4　垫料的吸水性

垫　料	每100克垫料吸收水分/克
大麦秆（切碎）	210
松木杆	207
花生壳	203

（续）

垫　　料	每 100 克垫料吸收水分/克
松木刨花	190
切碎的松木杆	186
谷壳	171
松木枝条碎片	165
松柏和碎片	160
松木皮	149
玉米棒	123
松木屑	102
黏土	69

注：本表摘自美国佐治亚大学家禽系 75 号公报。

⚠ 【注意】　雏山鸡应使用清洁的垫料，5～7.5 厘米厚，将潮湿或结块的垫料更换掉，在潮湿的垫料上放置雏山鸡是有风险的。

7. 饮水器

雏山鸡安放到育雏伞下后必须学着饮水和采食，特别是当雏山鸡运输时间在 24 小时以上时，如果时间允许，把每只鸡嘴放到水盘中，使它们知道水源。

第 1 周，用钟式饮水器以防止雏山鸡淹死。将小的彩色的鹅卵石或大理石放在水盘中都可吸引雏山鸡饮水并减少水的深度，钢丝网安装在水盘的开口处也可用来防止雏山鸡淹死。

4 升的水盘应放置在育雏伞的附近，饮水器需要的数量根据雏山鸡的数量而定，一般 100 只雏山鸡需要 3 个 4 升的饮水器。开始几天，水盘直接放在垫料上，以后，水盘放在 2.5 厘米高的台上。

开始几天，应添加复合维生素到水中作为抗应激剂。

雏山鸡放育雏伞下前的约 4 小时装满饮水器，一直要保持雏山鸡的饮水新鲜，雏山鸡的饮水器和其他永久性饮水器每天应用含氯的水清洁。逐步从4升饮水器过渡到永久的饮水器（如乳头式饮水器），将4升饮水器留在永久性饮水器附近直到雏山鸡发现新的水源。

8. 喂料器

喂料器所放位置与饮水器一样重要，喂料器与饮水器交替放置（见图6-5），可以使撒在喂料器上的饲料很快被雏山鸡发现，几天以后，应逐步地过渡到料桶，让雏山鸡发现新的饲料源。在开始几天严密地观察，确认雏山鸡发现和使用料桶或料槽，以避免雏山鸡饿死。触摸位于头颈基部的嗉囊或观察到雏山鸡正在吃料，就能确定雏山鸡已发现和使用料桶。同时，确保雏山鸡有足够的吃料空间（见表6-5）。1周龄内饲喂优质平衡且新鲜的雏山鸡饲料，尽量选择声誉好的饲料公司购买饲料。

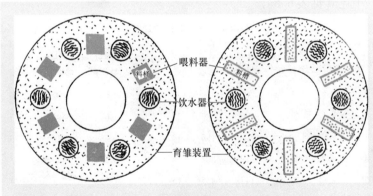

图6-5　喂料器与饮水器交替放置示意图

表6-5　每只雏山鸡要求的喂料器空间

育　雏　期	所需喂料器空间/厘米
1～2周龄	2.5
2～6周龄	5.1

9. 断喙

为避免啄羽和啄癖，育雏舍应保持非常低的光照强度。管理上的影响，如拥挤、光照太亮、饲料或水缺乏，都将引起山鸡的啄癖。所有的雏山鸡必须断喙。

在高温或进行其他应激操作时不能断喙如免疫或转群。利用商用断喙器进行适当的断喙，2 周龄时进行断喙。断喙时切除上喙 1/2 和下喙 1/3，切好后烧灼伤口，并充分止血，这个操作不能着急，在断喙前后的饮水中添加维生素添加剂，有助于减少应激。同时还应在料槽中加满饲料，以利于雏山鸡采食。

10. 采食量

应全面了解山鸡随日龄增长而变化的采食量，而当山鸡达到成年体重后，其采食量也趋于相对稳定。一般山鸡整个生长期（1~20 周龄）共消耗混合料约 6.5 千克，种山鸡年消耗混合料约 27 千克（见表 6-6）。

表 6-6　山鸡饲料需要量　　　　　　（单位：克）

周龄	体重	每日需料量	每周需料量	累计料量	周龄	体重	每日需料量	每周需料量	累计料量
1	34.4	5	35	35	11	722	56	392	2156
2	55.7	9	63	98	12	798	63	441	2597
3	87.9	13	91	189	13	874	68	476	3073
4	134.7	17	119	308	14	925	70	490	3563
5	185	21	147	455	15	977	73	511	4074
6	260	25	175	630	16	1025	72	504	4578
7	246	31	217	847	17	1069	71	497	5075
8	445	37	259	1106	18	1111	71	497	5572
9	541	44	308	1414	19	1152	70	490	6062
10	636	50	350	1764	20	1191	70	490	6552

11. 雏鸡到达养殖场时的检查项目

1）在雏鸡放入育雏伞前 24 小时启用育雏伞，检查所有的温度计确保准确。

2）护栏的位置距离育雏伞 50 厘米。

3）第 1 周在护栏内的垫料上铺上一层粗糙的纸。

4）喂料器和饮水器交替放置，以便雏山鸡接近喂料器和饮水器。

5）开始几天，将一些饲料散布在料盘中，以足够吸引雏山鸡吃料。

6）在雏山鸡放置到育雏伞前约 4 小时装满水盘，初饮的水用冷却到舍温的沸水。

7）由育雏伞产生的热量可以提高舍温，维持舍温在 21～24℃，用悬挂温度计检查舍温，调节通风系统以保持舍温。

8）将雏山鸡立即放置于育雏伞下，特别是它们在经过长时间的运输后，在它们放置到育雏伞下以前仔细检查雏山鸡。在运输中，许多弱的雏山鸡可能是冷应激或一些其他物理性问题造成的。

9）搬走所有雏山鸡箱，包括盖子，并且处理掉。

10）消毒盆放在每个育雏舍的门口，并安排一双套鞋和工作服，仅在育雏舍内穿。

11）如果可能，仅安排一个饲养员照料雏山鸡，不允许其他人在育雏舍内。

12）雏山鸡放置几小时，检查每个育雏伞下的弱雏或死雏。将弱雏放在专门护理的育雏伞下，将死雏进行无害化处理。

13）保持对护栏和育雏舍内小鸡死亡的记录，这些资料对管理、卫生、疾病预防是有用的。

12. 确定育雏所需雏山鸡的数量

由于各种原因，一定数量的雏山鸡在育雏舍和育成圈栏内死亡。死亡记录能提供有用的资料。为补偿损失的数量，需要确定多增加的数量，表 6-7 为根据不同水平育雏死亡率和育成死亡率而大约需要增加的雏山鸡数量。

第六章　山鸡的饲养管理

表6-7　根据不同的死亡率而大约需要增加的雏山鸡数量

（单位：只）

育雏死亡率	育成死亡率（%）										
（%）	0	2	4	6	8	10	12	14	16	18	20
0	0	204	417	638	870	1111	1364	1628	1905	2195	2500
2	204	412	630	855	1092	1338	1596	1865	2148	2444	2755
4	417	630	851	1081	1323	1574	1838	2113	2401	2703	3020
6	638	855	1081	1317	1564	1820	2089	2370	2665	2973	3298
8	870	1092	1323	1564	1815	2077	2352	2639	2940	3255	3587
10	1111	1338	1574	1820	2077	2346	2627	2920	3228	3550	3889
12	1364	1596	1838	2089	2352	2627	2913	3214	3528	3858	4205
14	1628	1865	2113	1270	2639	2920	3214	3521	3843	4180	4535
16	1905	2148	2401	2665	2940	3228	3528	3843	4172	4518	4881
18	2195	2444	2703	2973	3255	3550	3858	4180	4518	4872	5244
20	2500	2755	3020	3298	3587	3889	4205	4535	4881	5244	5625

注：此表数据是根据10000只上市山鸡统计的结果。

　　通过对表6-7中数据向左移动小数点1位和2位，分别得到1000只和100只上市山鸡相对应的数值。例如，育雏期死亡率为2%和育成期死亡率为2%时，满足10000只上市山鸡则需412只外加的雏山鸡，满足1000只上市山鸡则需要41只外加的雏山鸡，满足100只上市山鸡则需要4只外加的雏山鸡。

　　13. 育雏期死亡分析

　　大多数高死亡率的发生是由管理差造成的，如引起应激、机械性损伤或疾病。与早期死亡有关的最常见管理因素包括：

　　1）温度应激。温度太低和太高都会影响雏山鸡的健康。雏山鸡在运输途中和在育雏舍内容易受冷，通常在育雏舍内，受冷比过热更容易发生，因为雏山鸡会走到远离热源的地方而受冷。当然，开关故障也可引起雏山鸡过热。

　　2）脱水。雏山鸡在运输过程中或在育雏舍开始几天，如果不能找到饮水器或饮水供给不足，都可引起脱水。

3）饥饿。饥饿的产生有几种原因，包括没有寻找食物的能力、吃了垫料（嗉囊阻塞）、过分拥挤、饮水不足、过热和不适合的日粮。

4）疾病问题。某些疾病经常与育雏期死亡相关，包括：

① 雏鸡肺炎：由吸入烟曲霉孢子引起的，发现在污染的出雏箱中、不干净的育雏舍中，以及某些不卫生的垫料和饲料中。

② 脐炎：脐不适当的闭合导致细菌感染而发炎，这个状况可能是由出雏箱或孵化厂没有消毒好引起的。

③ 副伤寒（沙门氏菌）：副伤寒属山鸡的肠梗阻疾病，由许多途径传播，包括污染的孵化箱、出雏箱、雏鸡盒、育雏舍护栏和饲料。

5）粗心。有些事情是可以避免的，包括落下设备、踩雏山鸡、雏山鸡从护栏下跑出、不适当地放置喂料器引起雏山鸡扎堆和窒息、网罩移动后没有弄圆育雏舍角落，以及当雏山鸡睡觉时拥挤在角落里〔可封住角落，并用聚光灯（7.5瓦）挂在育雏伞上有助于缓解这个现象〕。

死亡率记录表应该放在每个圈栏的门上或附近，由于事故或设备问题引起的死亡应注明，并立即处理这些问题。某些圈栏比其他圈栏更容易发病，保持精确的记录有利于找到发病的原因，以便正确管理，从而防止雏山鸡死亡。育雏期死亡率超过4%～5%通常是由于管理不善引起的，应引起管理者的重视。

第二节　育成期饲养管理

一　育成方式

目前，育成期最常用的饲养方式有立体笼养法（见图6-6）、网舍饲养法（见图6-7）和散养法（见图6-8）3种。

（1）立体笼养法　以生产商品肉用山鸡为目的进行大批量饲养时，采用立体笼养法可获得较好的效果。应随着雏山鸡日龄的不断增大，结合平时的脱温、免疫、断喙、转群等工作，逐步降

第六章　山鸡的饲养管理

111

低笼内密度，使每平方米的山鸡数由脱温时的 20 ~ 25 只降至后期的 2 ~ 3 只，同时还应降低光照强度以减少啄癖。

图 6-6　育成期笼养

（2）网舍饲养法　网舍饲养法为育成期山鸡提供了较大的运

图 6-7　网舍饲养

动空间，可有效增加商品山鸡的野味特征、提高种用后备山鸡的运动量和种山鸡的繁殖性能。但应注意在育雏后期脱温后刚转到网舍的山鸡，由于环境的突变易造成应激而产生撞死或撞伤，最好的控制方法是在转群时将主翼羽每隔 2 根剪掉 3 根即可；另外，还应在网舍内或运动场上设置沙池，供山鸡自由采食和沙浴。

（3）散养法 根据山鸡喜集群、喜觅杂食等生理特点，可充分利用特有的荒坡、林地、丘陵等自然资源，在建立完备的围网后对经过剪羽或断翅处理的山鸡进行散养。山鸡剪羽方法与网舍饲养法相同；断翅则应在雏山鸡出壳后立即用断喙器切去左侧或右侧翅膀的最后一个关节即可。在外界温度达到 17～18℃时，山鸡脱温后即可散养；如果外界温度偏低，则应在山鸡 60 日龄后进行。密度一般为 1 只/米²。这种饲养方式，管理省力、环境好、山鸡运动强，既有人工饲料，又有天然食物，利于山鸡快速生长，还具有较强的野味特征，当雏山鸡从育雏舍移到外面圈栏时，育成期开始，在育雏舍内最后的一周中，让雏山鸡适当地适

图6-8 散养

应外面的温度，并接近新环境的喂料器和饮水器，这样有利于减小从育雏舍移到育成圈栏时产生的应激。

为每只山鸡准备足够的料槽空间（见表6-8），不适当的空间将引起在上市日龄出现大小不一致的山鸡。

表6-8 育成期地面、喂料器和饮水器的要求

项 目	参 数
占地面积/(米²/只)	0.9 ~ 1.1
喂料器空间/(厘米/只)（料线）	10.2
饮水器空间/(厘米/只)（水线）	2.5

二 育成期饲养

1. 饲料

山鸡育成期日粮中的蛋白质含量应随日龄的增大而逐步降低，在育成前期可由育雏期的25% ~27%减少至21%左右；而在育成后期，其日粮中的蛋白质含量可降至16%的最低限度，但能量水平应维持在12.45 ~12.55兆焦/千克。此时，饲料中可适量降低动物性蛋白饲料的比例，增加青绿饲料和糠、麸类饲料。育成期饲料不宜碾得过细，以免降低采食量，但应注意适口性。

> ➡ 【提示】 山鸡具有原有野性，应该保证充足的青绿饲料饲喂量，以补充其对维生素和微量元素的需求。

2. 饲喂

一般采用干喂法，育成前期每天喂5次，每次间隔3小时，或者每天喂4次，每次间隔4小时；育成后期可从每天喂4次逐步减少至每天喂2次，饲喂量以第2天早晨喂料时料槽内饲料正好吃完为佳。

食槽和饮水器要求设置充足，一般每100只山鸡应设置2.5升的料桶和4升的饮水器各4~6个；商品山鸡应在出栏前2周停喂鱼粉。

三 生长速度和饲料消耗

1. 生长和饲料消耗

每个鸡场管理者应该确定山鸡正常的生长模式，以便能查明生长的变化并调查其原因，为了达到这个目的，在育成期，对同性别山鸡每周抽样称重。为了确定每周的饲料转化率，必须每周获得体重增长和饲料消耗的数值，这是提高饲料效率的好措施。

表6-9 给出了山鸡从出雏到20周龄每周的累计体重和饲料消耗，这个值是基于最小饲料损耗的饲料消耗值。20周龄以后，山鸡雌雄混合饲养，维持生长需要每日消耗饲料71克。表6-9提供的值对杂交品种或体重选育的这些品系没有代表性。

表6-9　山鸡不同周龄时的累计体重和饲料消耗

周　　龄	累计体重/克	累计饲料消耗/克
1	41	59
2	82	154
3	136	286
4	195	449
5	263	612
6	349	862
7	435	1157
8	522	1451
9	590	1746
10	658	2087
11	771	2517
12	839	2948
13	916	3379
14	998	3856
15	1061	4309

（续）

周　　龄	累计体重/克	累计饲料消耗/克
16	1098	4808
17	1111	5307
18	1134	5806
19	1152	6305
20	1179	6804

2. 影响山鸡生长的因素

影响山鸡生长的因素包括以下几个方面：

1）极端温度。

2）不良的营养。

3）疾病和体外寄生虫。

4）不同日龄、性别和种类混合饲养。

5）不良的遗传群体。

6）不适当的空间。

7）不适当的地面荫蔽物。

8）过分拥挤。

9）不良的通风。

饲喂蛋白质含量低（15%）的育成日粮对从出雏到 20 周龄山鸡的生长速度有不利影响，给山鸡饲喂含有 24% ~28% 粗蛋白质的育雏日粮生长最好。研究表明，饲养山鸡采用间歇光照可增加约 10% 的体重（从 4 ~8 周龄），比采用常规刺激光照方案每只鸡减少饲料消耗约 30%。

四　育成期管理

1. 控制体重与光照，强化卫生防疫

1）育成后期的山鸡最容易肥胖，因此，这一阶段应采用限制饲喂法（也称为控料）。通过减少饲料中蛋白质含量和能量水平及饲喂次数、增加运动量，同时经常性地进行随机称重，来控制山鸡的体重。

2）后备种鸡应按照种鸡的要求来调节光照时间。商品山鸡则应在夜间适当增加光照以促进山鸡采食，提高生长速度。

3）山鸡舍应每天打扫，水槽、料槽要定期清洗、消毒，垫草应清洁、干燥不发霉，并经常曝晒或消毒，病山鸡、弱山鸡要及时隔离饲养。

4）按照计划进行免疫接种（见彩图15）、药物驱虫和预防性用药，防止各类疾病的发生。

2. 断喙和剪羽

1）许多原因可使山鸡易发啄羽、啄肛等恶癖，造成山鸡死亡。传统的控制方法主要有断喙、降低密度，以及饲料中添加羽毛粉、食盐、维生素等物质，能取得较好的效果。

采用给山鸡佩戴眼罩的方法，由于眼罩遮住了山鸡正前方的视线，导致山鸡无法准确攻击目标，这样也就减少了山鸡打斗的现象，而这个眼罩对于山鸡采食、饮水等均无影响，并且还可提高山鸡的饲养密度。

2）随着山鸡日龄的增长和飞跃能力的提高，山鸡撞死的现象也逐渐增多，而采用剪羽的方法是控制撞死的有效手段。具体方法是在山鸡7~8周龄时，将主翼羽每隔2根剪去3根；也可采用在雏山鸡进入育雏舍前断其一侧翅关节的方法，这样可有效地避免撞死现象的发生。除此之外，保持环境安静也是一个重要环节。

第三节　种山鸡饲养管理

优质的食用山鸡是适当育种和管理的产品，纯种的种山鸡应采用单笼饲养或单独配对的围栏，以便测定公山鸡和母山鸡的生产性能，对在金属网或围栏中小群配种的纯种山鸡群进行较小强度的选择，大群配种不需要纯种的选育，但可采用某些选择改进某些生产性状。

第六章
山鸡的饲养管理

一 种山鸡选择方案

应在春季从最早出雏的鸡群中选择有潜力的种山鸡群，确保在下一年给予光照刺激时，使它们长大后有足够的性反应。

当青年山鸡从育雏舍转到育成舍时进行第1次选择，如果可能，公山鸡与母山鸡应分开，发现山鸡的生理缺陷，如脚趾弯曲及喙、颈或龙骨或任何肢畸形（见图6-9），这样的山鸡不能利用，选择数量应是所需山鸡数量的2倍。

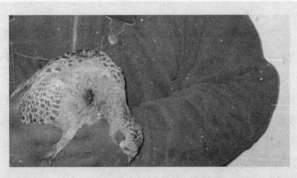

图6-9　山鸡颈弯曲

在18周龄，即成年山鸡羽毛长好后进行第2次选择，羽毛长得慢的山鸡和羽毛颜色或标记不一致的纯种或杂合的山鸡应挑出，在以后发育过程中，有生理缺陷的山鸡都应挑出。

种山鸡的最后一次选择是在开产前一个月，假如山鸡群有系谱，最后一次选择主要是依据生理表现、羽色和一致性，或者某些生产性状。

二 繁殖准备期饲养管理

繁殖准备期是指青年种山鸡从山鸡育成期结束至开产的这一段时间。

1. 饲养

当后备种山鸡达到性成熟即进入繁殖准备期，种山鸡的性腺开始发育。为了使种山鸡能尽快达到繁殖体况，促进性成熟和产蛋，这一时期的饲料必须是全价饲料，而且日粮中的蛋白质含量一般可提高到17%~18%，同时相应降低糠麸类饲料的比例，并适当添加多种维生素和微量元素等添加剂，以增强种山鸡的体质。但应注意营养水平不可过高，此时仍应适当控制种山鸡的体重，避免体重过大、体质肥胖而造成难产、脱肛或产蛋期高峰变短、产蛋量减少等现象。

2. 环境条件

进入繁殖准备期的种山鸡，其环境适应能力较强，对周围环境的温度要求不高，对光照也没有严格的要求，饲养空间以0.8米^2/只种山鸡为宜。但环境的湿度不宜过大，鸡舍内应经常保持干燥，运动场等应铺设一层细沙。

3. 鸡群的准备

1）后备期和休产期的种山鸡应公、母分群饲养。

2）选留体质健壮、发育整齐的种山鸡作为繁殖群；将多余的优秀公鸡作为后备种公鸡单独组群饲养，以随时替换繁殖群淘汰的种公鸡；将不具备种用条件的公山鸡和母山鸡单独组成淘汰群，经育肥后作为商品鸡出售。

3）选留的母鸡繁殖群应进行修喙，公鸡繁殖群和后备种公鸡应剪趾，同时还应做好相应的驱虫和免疫工作。

4）开产前2周左右进行公山鸡与母山鸡的合群饲养，合群时一般以公山鸡与母山鸡比例为1:（4~6）组成适宜的繁殖群体；大群配种的繁殖群体一般不超过100只为宜，小间配种则以1只公山鸡与适量的母山鸡组成一个小型的繁殖群。

5）合群时，小间配种的公山鸡应做好精液品质的检查，同时选择优秀家系的母山鸡配种。大群配种时则应挑选体重中等或偏上的公山鸡与母山鸡，最大体重不应超过平均体重的10%。

6）产蛋期采用笼养，对产蛋鸡舍采用清洁消毒后，山鸡在18周龄从育成舍转群到产蛋鸡舍，公山鸡和母山鸡均采用单笼饲养，采用人工授精技术，一般在产蛋率达50%时开始做人工授精。也可以采用每笼 1 只公山鸡与 6 只母山鸡的饲养方式，进行自然交配繁殖，应在产蛋前 2 周进行转群进笼。同时应另外饲养备用公山鸡。笼养一般采用三层阶梯式（见图 6-10）或层叠式（见图 6-11）饲养设备，主要便于人工授精操作。

图 6-10　三层阶梯式笼养设备

图 6-11　层叠式笼养设备

三 繁殖期饲养管理

1. 饲养

种山鸡在繁殖期由于产蛋、配种等原因，需要较高的蛋白质摄入量（21% ~22%），并应注意补充维生素和微量元素。

配制日粮时，应充分考虑产蛋期山鸡的营养需要，特别是笼养山鸡对营养的要求更高，由于母山鸡对钙质的需要量高，应提高日粮中矿物质的含量。

> 【提示】 产蛋高峰期，饲料中的粗蛋白质含量应该达到20% ~30%，以优质全价配合饲料为主。

当气温达到30℃以上时，会引起山鸡食欲下降，则应在适当降低日粮能量水平的同时，将蛋白质水平提高到23% ~24%，以保证种山鸡的蛋白质需求。

繁殖期的饲喂次数应满足山鸡交配、产蛋等的要求。山鸡一般在上午9时至下午3时之间产蛋，而日落前2小时是山鸡采食最活跃的时期，因此，在国外建议于下午3时一次给料即可，而国内的饲养则比较细致，一般采用上午9时前和下午3时后喂料2次。气候炎热时，还可适当提前和延后，以增加采食量。

在采用定时饲喂的情况下，饲喂湿粉料比干粉料的采食速度要快许多，但应注意饲喂量，确保一次吃完，以防饲料腐败，并应注意供给充足的清洁饮水。

笼养时，使用全价颗粒饲料，料槽中保持一定量的饲料，确保种山鸡在晚上关灯前能吃到饲料。公鸡应在人工授精前将料槽中饲料吃完，以防止采精时有大量的粪便排泄。

> ⚠ 【注意】 饲养过程中严禁惊吓鸡群，尽量减少转群。

2. 环境条件

繁殖期山鸡舍内的温度以 22 ~ 27℃ 为佳，最高不宜超过

30℃，否则会影响种山鸡的产蛋、受精。因此，夏季应采用各种防暑降温的方法控制环境温度（见彩图16），如风机、湿帘、喷淋等，并保持舍内干燥。

产蛋期山鸡每天的光照时间为16小时，地面平养时产蛋箱应安放在光线较暗的地方，并且每只种山鸡平均占有不低于0.8米^{2}的活动面积（含运动场），并适当降低密度。

地面平养时，每只山鸡应占有4~6厘米长的料槽，每100只山鸡配备4~6个4升饮水器，以免采食、饮水时拥挤，饮水器、料槽摆放的位置要分散且固定，确保所有的种山鸡都有采食、饮水的机会。每天清理山鸡料槽内的剩料2次，料槽、饮水器定期清洗、消毒（每周不少于2次），适当进行带鸡消毒。

立体笼养时，应及时整修笼具，必要时顶部可加装防撞网；注意喂料均匀度；山鸡饮水时确保乳头式饮水器正常出水；应对每只种山鸡的生产情况认真做好记录。

山鸡对外部环境的变化非常敏感，各种不良刺激都可能引起山鸡的惊吓，因此，饲养过程中应注意生产流程的"三定"（定时、定人、定程序），避免陌生人进入生产区。生产人员应着统一服装，在生产过程中应以少干扰鸡群为原则，尽量避免不必要的捕捉，同时还应注意紧闭圈门，防止其他动物进入鸡舍或舍内山鸡外逃。

每天应注意观察山鸡的精神状态及采食、粪便和行为状况，发现问题，及时上报处理。

3. 繁殖期管理

（1）确立王子鸡 采用地面平养时，公山鸡与母山鸡合群后，公山鸡之间会经过一个激烈的争偶斗架过程，俗称拔王。一般经过几轮争斗确立王子鸡后，鸡群便安定下来，因此，在拔王过程中，最好人为帮助王子鸡确立优势地位，以使拔王过程早完成，早稳群。

（2）创造安静的产蛋环境 繁殖期种山鸡对外界环境非常敏感，一旦有异常变化，就会躁动不安。因此，饲养人员应穿着统一的工作服，喂料和拣蛋动作要轻、稳，产蛋舍周围谢绝外来人员参观并禁止各种施工和车辆出入，更要防止犬、猫等动物在鸡舍外走动，同时还应保持种山鸡群的相对稳定，尽量避免抓鸡、调群和防疫等工作。

（3）及时集蛋，减少恶癖 采用地面平养时，一般每 4 ～ 6 只母山鸡配备一个产蛋箱，产蛋高峰时每隔 1 ～ 2 小时拣蛋 1 次，天气炎热时增加拣蛋次数，为防止产生恶癖，可对发生啄癖的山鸡采取戴眼罩、放假蛋等预防措施，也可对整群种山鸡每隔 4 周修喙一次，对破损蛋则应及时将蛋壳和内容物清除干净，以免养成食蛋恶癖。

（4）防暑降温、防寒保暖 气候炎热时，可采取搭棚、种树、喷水等措施来降低环境温度，并可在饲料中适当添加维生素 C，以抵抗热应激，并保证长期供应充足的清洁饮水，当外界温度低于 5℃ 时，应采取加温措施，以减少低温对山鸡产蛋的影响。

平时要加强日常的清洁卫生，及时清除粪便、清洗料槽和饮水器，并用高锰酸钾消毒，注意圈舍干燥，雨后及时排除积水，防止疾病发生，每 2 周对鸡舍和运动场及产蛋箱等进行一次消毒。

（5）笼养 规模化山鸡场大多采用笼养设备，鸡舍内进行人工控制饲养环境，包括温度、湿度、光照和通风等，使种山鸡的产蛋周期与在自然条件下发生很大的变化，改变原来的产蛋规律。目前，有的山鸡场只饲养一个生产周期，在 52 ～ 56 周龄就直接淘汰以提高生产效率。饲喂方式可采用自动化喂料系统和乳头式饮水器。每周开展带鸡消毒，采用笼养方式对鸡群便于统计管理。

四 休产期饲养管理

休产期是指种山鸡完成一个产蛋期后休息、调理的时期，包括换羽期、越冬期和繁殖准备期。换羽期一般是指 8 ～ 9 月，越

第六章
山鸡的饲养管理

冬期一般是指 10 月至次年 2 月。

目前，大多数商品山鸡养殖场为追求山鸡养殖的效益最大化，在种山鸡往往完成一个产蛋期后即将其淘汰，此时的种山鸡饲养期分为后备期和繁殖期，而没有休产期。

1. 休产期的饲养

休产期的种山鸡对营养需要量最低，饲养时在保证种山鸡健康的前提下，应尽量降低饲料成本。此时的日粮应执行换羽期的标准，以能量饲料为主，可占日粮总量的 50%～60%，适当配合蛋白质和青绿饲料，蛋白质含量应控制在 17%，但应在饲料中添加 1% 的生石膏粉或 1%～2% 羽毛粉，以促进羽毛的再生。

完成换羽后的种山鸡具备较强的抗寒能力，顺利进入越冬期，此时期日粮中的能量水平可进一步提高到 12.5 兆焦/千克，同时将蛋白质含量降至 15% 左右，并以植物性蛋白质饲料为主，以进一步降低饲养成本。

休产期山鸡的饲料品种应因地制宜，但应最大限度地确保品种的多样化。

休产期山鸡每天以饲喂 2 次为宜，分别于上午 9 时和下午 3 时各饲喂 1 次，每天饲喂量为 72～80 克，其中可适当饲喂部分玉米颗粒，以延长消化时间。

2. 环境条件

休产期山鸡对外部环境的要求与繁殖准备期山鸡基本相同。

3. 休产期管理

种山鸡完成一个产蛋期后开始换羽，进入休产期。一般情况下，此时的种鸡群应及时淘汰，但对于部分具有育种价值或在特殊情况下仍需要留作种用的山鸡，除应对饲料做适当调整外，还应及时调整鸡群，淘汰病弱山鸡及繁殖性能下降或超过种用年限的山鸡。选留的种山鸡应公山鸡与母山鸡分群饲养，及时修喙，做好驱虫、免疫接种等保健工作。

鸡舍应进行彻底的清洗消毒，并做好相应的防寒保温工作，保持鸡舍的通风、干燥和适度的光照。

一般种公山鸡的使用年限为 1 年，种母山鸡可用 2 年，必要时可适当延长，但生产性能将明显下降。

五 面积要求

根据种山鸡饲养和配种方式的要求，推荐了种山鸡饲养面积，见表 6-10。

表 6-10 推荐的种山鸡饲养面积要求

种 类	每只占地面积/米^2
鸡笼	929~1400
地面和网上平养	0.55~0.75
牧区圈栏	2.3~2.8

六 种山鸡舍

每类种山鸡舍各有优点和缺点，位置、材料成本、气候和种鸡都是选择种山鸡饲养设施设备时应考虑的因素。

山鸡繁殖最好在牧区圈栏中，但在地面或金属网圈栏的环境中容易管理。种山鸡饲养在笼中是可行的，进行人工授精已不是一个问题。

1. 牧区圈栏管理

在大多数牧场中，普遍都采用管理大量无系谱的生产用种山鸡的方法。育成圈栏能用作种山鸡圈栏，但种山鸡圈栏要与青年山鸡的育成圈栏分开。

隐蔽处对于种山鸡是重要的，可供母山鸡避免受到攻击性的公山鸡或母山鸡的攻击。隐蔽处也可布置在产蛋箱的区域。

当山鸡配种时，春季生长的植物可以作为山鸡的隐蔽处，管理者可种植谷类作物以提供一些临时性掩蔽物和种鸡群的食物。

应为种母鸡群提供隐蔽处，铁皮和木头构造的隐蔽处能提供一些保护。铁皮应涂白色以反射太阳的光线，使得在铁皮下面的地方较凉。

在牧区圈栏中，提供种山鸡产蛋箱，产蛋期间保持蛋比较干净，产蛋箱可以保护母山鸡避免其他山鸡的攻击，或者被啄食暴露的输卵管。

根据经验，为每4~6只母山鸡提供1个40厘米×40厘米×35厘米的产蛋箱。当山鸡开始交配时，把产蛋箱放在圈栏内的周边。在产蛋箱底部放置厚度为5~7.5厘米的垫料，通常为稻草，并根据需要更换或增加垫料。

把人工蛋放在产蛋箱中吸引母山鸡到产蛋箱产蛋，在极冷或极热期间，每天集蛋4次以上。集蛋时，将清洁蛋与污蛋分开，取走所有圈栏中的碎蛋和裂缝蛋，和死鸡一样进行废弃物的无害化处理。

种山鸡可利用与育成圈栏中使用的相同类型的喂料器和饮水器，喂料器必须有遮顶以避免下雨，防止饲料淋湿和霉变。每天检查所有饲料是否被污染，把喂料器放在15厘米高的地方，周期性地搬动喂料器以阻止害虫在喂料器下面筑集。

把水管铺在地下足够深的位置，以防止冰冻的危害，在地面上的管子和水龙头也必须避免冰冻。在冰冻期间，当水供应出现问题时，及时为种山鸡提供补充水。

2. 种山鸡舍地面管理

地面管理种山鸡群比在牧区需要较少的地面面积，因为配种群较小，在地面圈栏中配种时遇到较少的应激。用作种山鸡的饮水器和喂料器与育成山鸡的一样，将可移动的喂料器和饮水器放在有隔板的架子上，使山鸡在吃料和饮水区域的外面保持垫料，在有些山鸡养殖场，饲料漏斗安装在墙上，紧靠着过道，从过道就可装满饲料而不干扰鸡群。

种山鸡舍必须适当通风，空气进入舍内（正压），或者从舍内排出（负压）。如果种山鸡舍分成几个房间，每个房间必须有分开的通风系统。大多数的山鸡养殖场采用负压通风系统，可创造微真空状态，新鲜空气从位于排风扇对面墙上的通风孔进入舍内。根据经验，在种山鸡舍内排除热量和灰尘，每平方米鸡舍面积以 0.45 千克种山鸡活重提供 0.03 米³/分钟新鲜空气。

种山鸡舍风速为 0.15 米³/分钟，应保持空气凉爽、舒适和种山鸡的健康，表6-11 为推荐的空气流量。

表6-11　推荐的空气流量

空 气 温 度		单位体重每分钟需要的空气流量
/°F	/℃	/(米³/千克)
40	4.5	0.014
60	15.6	0.020
80	26.7	0.027
100	37.8	0.034
110	43.4	0.037

地面产蛋箱有助于保持鸡蛋清洁并使蛋收集更加容易，每 4~6 只山鸡提供 929 厘米² 的产蛋箱面积，沿着舍内的墙壁放置，那里的光照度较弱，山鸡喜欢在较暗的地方产蛋。

每个房间不能少于 2 只灯泡，以保持对种山鸡的刺激。使用一个可以调节设置的时间钟，便于每天编制不同的光照程序，调光器开关连接在时钟上以便容易调节光照度。

3. 鸡笼管理

鸡笼系统比其他地面或牧区系统更昂贵。

（1）优点　鸡笼系统具有以下优点：

1）山鸡在笼子中比在地面或牧区圈栏中产更多的蛋。

2）每只山鸡需要更少的面积，应激减少。

3）消除了污蛋和解决了蛋被吃掉的问题。然而，在笼子中比在地面上产生更多的破碎蛋。

4）山鸡的个体生产性能容易测定和容易采取措施。

5）通常在地面和牧区管理中的某些疾病问题减少了，如球虫病和其他体内寄生虫的问题。

6）山鸡笼养管理最显著的优势是进行人工授精。

（2）缺点　鸡笼系统具有以下缺点：

1）鸡笼易出现臭气和飞翔问题。

2）鸡笼使山鸡的羽毛磨损、破碎。

3）山鸡要求更一致的温度，这是因为山鸡被限制在一个小的区域。

4）经常清粪需要控制山鸡的扑飞。

要对个体生产性能记录并要求选择某些繁殖性状时，种山鸡放置在特殊的个体笼中。上海红艳山鸡孵化专业合作社开发了层叠式笼养设备，种鸡采用三层单笼饲养，自动喂料和清粪，笼具顶部不需要加装防撞网，有利于人工授精和个体生产性能的测定，生产水平和劳动效率有了很大的提高。

4. 鸡舍内饲养种鸡的营养

在冬季，给种山鸡饲喂营养平衡的日粮，以控制和调节体脂，有利于种山鸡在繁殖季节产蛋，开产前 1 个月更换为 16% ～ 20% 的种山鸡日粮，并让其自由地采食沙砾和贝壳粉。

5. 卫生和疾病控制

大多数的疾病问题是由不良的管理引起的，在种山鸡群饲养过程中，卫生防疫制度应严格实施，以降低疾病的风险，下面为卫生和疾病控制建议：

1）培训所有养殖场的人员关于卫生的重要性。

2）限制所有参观者进入种山鸡栏舍。

3）所有种山鸡监测白痢和支原体（霉形体）病。

4）保证所有喂料器和饮水器干净，不能有水藻和霉菌。

5）控制种山鸡舍或圈栏内和周围的害虫。

6）经常清除鸡笼或网圈中的粪便，破坏害虫的生活周期，控制苍蝇的数量。

7）种山鸡群采用单鸡单笼饲养。

8）不要将单只公山鸡增加到种山鸡群中，而应同时增加几只公山鸡。

9）立即清除所有死鸡、病鸡或受伤的山鸡，病鸡或受伤的山鸡应放置到隔离栏中，死鸡应进行无害化处理。

10）不能将其他山鸡养殖场的鸡群引进到自己的养殖场中，使种山鸡群没有疾病的安全方法是闭锁繁育山鸡群。

七 提高山鸡繁殖率的措施

由于山鸡驯化时间较短，其繁殖率的高低与养殖场的日常管理有着密切的关系。影响山鸡繁殖率的因素很多，包括产蛋量、种蛋合格率、种蛋受精率、孵化率等。因此，在饲养管理中必须针对这些因素，采取切实可行的综合措施，这样才能提高山鸡的繁殖力。

1. 提高山鸡产蛋量的措施

野生状态下，山鸡的年产蛋量很低，仅为 20~30 枚，随着驯养技术的不断提高，山鸡产蛋量得到显著提高。目前，美国七彩山鸡的年产蛋量可达 100 枚以上。提高山鸡产蛋量的措施包括：

（1）**严格选种选配，培育高产种山鸡**　种山鸡在选种时，采用科学的选择方法，确定育种群，在选配时，个体选配优于群体选配，配种时，既可采用小群配种的方法培育高产的山鸡种群，也可采用人工授精的方法，充分发挥优良种山鸡的遗传效应，快速扩大高产种山鸡群，也可采用导入杂交的方式，提高本地山鸡的产蛋量。

（2）**加强种山鸡的营养**　在南方较温暖的地区，可采用提前投喂繁殖准备期日粮、增加日粮中的各类营养物质含量和逐渐增加光照等措施，可使种山鸡群提前开产。

（3）**减少产蛋母山鸡的死亡率**　由于山鸡的驯化程度较低，野性较强，经常会发生惊飞撞死和撞伤现象，此时应将种山鸡网舍的外网用尼龙网代替金属网，同时降低网舍高度，并尽可能降低产生惊飞的各种应激因素，如发现种山鸡群中母山鸡背羽有大量踩落或踩伤现象时，应适当减少群体中的公山鸡数。同时，经常对种山鸡进行修喙，减少啄肛现象的发生。公山鸡合群后应断去后趾和内趾的爪尖。严格按照程序做好各项保健工作，避免疾

病发生。

2. 提高种蛋合格率的措施

(1) 加强育种，严格种蛋选择标准 现场判定种蛋是否合格，可通过蛋形、蛋重、蛋色及破损、污损等指标来确定。在这些指标中，前3项受遗传因素的影响较大，因此，通过加强种山鸡的选种选育，提高对种蛋的选择标准，可使优良的种蛋性状保存下来。

(2) 合理搭配饲料，满足营养需要 因地制宜地选用多种不同类型和特点的饲料，按照种山鸡产蛋期的营养标准，精心设计饲料配方，合理配置日粮，确保各种营养物质能够满足产蛋种山鸡的营养需要。

(3) 改善饲养环境，减少种蛋的破损和污染 采用地面平养时，应在种山鸡舍内阴暗处，按每4~6只母山鸡设置一个产蛋箱，并逐步驯化母山鸡养成入箱产蛋的习惯，同时还应在运动场内铺垫大约5厘米厚的沙砾，并及时清除种山鸡舍内和运动场内的粪便，保持清洁干燥。

(4) 采用多种措施，防止种山鸡产软皮蛋、沙皮蛋等畸形蛋

1) 饲料要营养全面，搭配合理。

2) 及时补充维生素 D。

3) 定期预防用药，确保种鸡健康。

4) 高温期间应注意通风、遮阴等降温工作，并可在饲料中添加维生素 C，防止种山鸡热应激。

(5) 加强日常管理，控制种鸡啄蛋

1) 及时断喙、修喙。

2) 勤集蛋，特别是对产在运动场内的种蛋，要增加拣蛋次数。

3) 给种山鸡戴眼罩，防止啄蛋癖。此类眼罩一般由塑料制成，方法是将眼罩架于种鸡喙的上方，用一根尼龙制成的别针穿过种山鸡鼻孔，将眼罩固定在喙上。

4) 降低密度。种山鸡饲养量为 1~1.2 只/米² 时，可显著减少种山鸡啄蛋、啄肛等恶癖。

3. 提高种蛋受精率的措施

(1) 公山鸡与母山鸡合群的时间要适宜 一般情况下，公山鸡性成熟要比母山鸡早2～3周。因此，若公山鸡与母山鸡合群过早，母山鸡此时尚未发情排卵，公山鸡强烈地追抓，会造成山母鸡惧怕公山鸡而不愿接受交配；若公山鸡与母山鸡合群过晚，种山鸡群的王子鸡的争夺会使鸡群在一段时间内很不稳定，而且剧烈的争斗会造成公山鸡体力的大量消耗而影响交配。公山鸡与母山鸡最适宜的合群时间是在母山鸡开产前1周左右。

(2) 公山鸡与母山鸡的比例要适宜 实践证明，地面平养时，公山鸡与母山鸡的比例以1:（5～6）为最佳。若公山鸡比例过高，公山鸡间的争斗会造成山鸡群的不稳定；而公山鸡比例过低，则易造成漏配。

(3) 保护王子鸡和设立屏障 公山鸡与母山鸡合群后，群体内的公山鸡会强烈争偶、斗架，群内出现的王子鸡，只有尽快确立王子鸡，才能使鸡群趋于稳定。因此，在种山鸡群拔王时，应人为地帮助较强壮的公山鸡确定王子鸡地位，以便稳群。

(4) 更换种公山鸡 种公山鸡在经过一段时间交配后，其繁殖能力可显著降低，此时应将整批新的后备种公山鸡替代原来的种公山鸡，但应尽量避免个别更换种公山鸡，也可在公山鸡与母山鸡合群时适当提高公山鸡的比例，在配种过程中发现体弱或无配种能力的种公山鸡随时挑出，而不再补充，但必须能保证在配种末期时种鸡群中公山鸡与母山鸡的比例仍达1:6左右。

(5) 防暑、降温，减少应激 气候炎热季节，应在运动场设置遮阴网等设施或采用地面、屋顶喷水的方式降温，同时还应尽量避免人为因素造成各种应激。

(6) 加强和改善种山鸡的饲养和营养 在种蛋受精率出现下降趋势时，可在饲料中加入适当的维生素E，并且适当提高日粮中的蛋白质水平。夏季高温时，可在饲料中适当添加维生素C。

八 山鸡场生产的设计

1. 山鸡生产的估计

对初学者，尽可能确定山鸡场的规模、围栏的数量和规模、入孵的种蛋数量、雏山鸡的数量、出雏和孵化的能力及育雏舍的大小，利用平均生产估计进行准备。表 6-12 为假定设计每年销售 2 万只山鸡的估计值。

表 6-12　山鸡的生长和繁殖参数

项　　目		参　　数
平均产蛋量（种蛋数）/枚		52
平均死亡率（%）	种山鸡	10
	育雏期	10
	育成期	5
种山鸡群/只	母山鸡	643
	公山鸡	107
配种比例（公:母）		1:6
种蛋孵化率（%）		70
总计	种蛋入孵数/枚	33415
	出雏/只	23391
死亡数	育雏期/只	2339
	育成期/只	1052
	总计	3391

2. 饲料和水的消耗及粪便生产

每只山鸡每年消耗约 23 千克饲料和 47 升水，产生 32 千克粪便，不管怎样，大多数山鸡在 20 周龄上市，则每只商品山鸡应产生大约 9.5 千克的粪便。表 6-13 列出相关饲料和水的消耗及粪便的产生量的数据（1 只山鸡）。

表 6-13　1 只山鸡饲料和水的消耗及粪便的产生

山鸡各阶段	饲料消耗量/千克	水消耗量/升	粪便产生/千克
成年（21~52 周龄）	16.25	32.51	22.75
育成期（7~20 周龄）	5.95	11.89	8.31
育雏期（1~6 周龄）	0.86	1.73	1.26
总计	23.06	46.13	32.32

注：1. 表中数据是在 21℃ 环境下得到的。

　　2. 粪便产生的统计方法采用总饲料消耗量 ×1.4。

——第七章——
山鸡的疾病防治

山鸡的抗病能力要优于家鸡，其主要原因是山鸡的淋巴细胞、吞噬细胞的数量均比家鸡高。所以，只要平时注意清洁卫生，严格执行防疫制度，山鸡很少发生疾病（特别是脱温以后的青年山鸡）。但如果饲养场卫生很差，密度大、潮湿，氨气和二氧化碳等有害气体浓度过高，再加上气候突变（骤冷或骤热）等因素都可导致山鸡体质差、抵抗力下降，这时若有其他病菌带入，就可能感染疾病。要想饲养好山鸡，掌握好山鸡常见疾病的防治工作至关重要。

第一节　传染性疾病防治

一　鸡白痢

鸡白痢是由鸡白痢沙门氏菌引起的各种年龄鸡只都可发生的一种传染病，山鸡发病表现急性败血症经过，以发热、拉灰白色粥样或黏性液状粪便为特征；成年山鸡发病以损害生殖系统为主的慢性或隐性感染为特征。

【病原学】　本病的病原体是鸡白痢沙门氏菌，是肠杆菌科的一员，为两端稍圆的细长杆菌，革兰氏染色呈阴性，不能运动，无荚膜，不形成芽孢，是兼性厌氧菌。病鸡的内脏中都有病菌，以肝脏、肺脏、卵黄囊、睾丸和心血中最多。在自然条件下，病菌的抵抗力较强。干布上的病菌，在室温条件下可存活7年左右；土壤中的病菌可以存活14个月；山鸡舍内的病菌可以生存到第2年，在栖木上可以存活10~105天，在木饲槽温度为−3~8℃、湿度为65%~75%时可以存活62天。此病菌对热的抵抗力不强，污染的山鸡蛋，煮沸5分钟可杀死本菌，70℃经过20分钟也可以使之死亡，一般消毒药都能迅速杀死。

【流行病学】　山鸡常患鸡白痢，是本病的自然宿主，火鸡也被证明是又一个主要宿主。火鸡和病鸡接触而被传染，以后就在火鸡群中传播下去。除火鸡外，此病菌对鸡的适应性很高。除了火鸡以外，鸭、珠鸡、山鸡、鹌鹑、金丝雀、雏鹅、鹭鸶等有时也可被感染。在本病的流行病学上，野鸟所起的作用是极为有限的。有些哺乳动物也感染本病，人也偶有感染本病的报告。

鸡虽然对本病的易感性最强，但不同品种之间有显著的区别，轻型鸡的易感性较重型鸡低。病鸡的排泄物是传播本病的媒介物，可以传染给同群未感染的鸡，可以从一个养鸡单位传给另一个养鸡单位。带菌鸡的卵巢和肠道含有大量病菌，病菌随排泄物排出体外，污染周围环境。饲料、饮水和用具被污染后，同群鸡食入这种排泄物，是本病传播的一个主要因素。饲喂患鸡白痢鸡的蛋壳，往往引起发病。由于感染鸡长期带菌，产出被感染的受精蛋，不但可以把此病传给后代，而且这些被感染的蛋内含有大量的病菌，对有啄蛋或吃蛋癖的鸡也是一个重要的传染源。感染了的蛋可以污染孵化器和孵化室。感染母鸡产的蛋，在孵化过程中通过蛋壳、羽毛等扩大传染。在孵化器或孵坊中即使只有少数感染雏鸡，也可以很快把病菌传给多数幼雏。此病能通过血液传染，因此，啄肉癖也是传播方式。

苍蝇污染了本菌以后，如果接触了饲料，再用这种饲料喂雏，或者苍蝇被雏鸡吃掉，都能引起发病。

本病还可以通过交配、断喙、性别鉴别传播，被污染了的免疫器材也能广泛地传播。

饲养管理条件差,如雏群拥挤、环境不卫生、育雏室温度过高或过低、通风不良、饲料缺乏或质量不良、较差的运输条件或同时有其他疫病存在,都是诱发本病和增加死亡率的因素。

【临床症状】 鸡白痢由于感染对象不同,临床上表现不同的症状。

1)感染种蛋孵化过程中,一般在孵化后期或出雏器中可见到已死亡的胚胎和即将垂死的弱雏。胚胎感染出壳后的雏鸡,一般在出壳后表现衰弱、嗜睡、腹部膨大、食欲丧失,绝大部分1~2 天后死亡。

2)患病雏鸡在 5~7 日龄时开始发病,病鸡精神沉郁、低头缩颈、闭眼昏睡、羽毛松乱、食欲下降或不食、怕冷喜欢扎堆、嗉囊膨大并充满液体。突出的表现是下痢,排出一种白色似石灰浆状的稀粪,并黏附于肛门周围的羽毛上;排便次数多,黏糊使肛门封闭起来,影响排便,病雏排粪时感到疼痛而发生尖叫声;有的病雏呼吸困难,伸颈张口;有的可见关节肿大,行走不便,跛行;有的出现眼盲。雏鸡白痢因环境因素及污染严重程度不同,其引起的发病率与死亡率可从很低到80% ~90%,2~3 周龄时是其高峰,3 周龄或 4 周龄以后,虽有发病,但很少死亡,表现为拉白色粪便,生长发育迟缓。康复鸡能成为终身带菌者。

3)青年鸡白痢多见于40~80 日龄的鸡,本病突然发生,整个鸡群食欲和精神尚可,总见鸡群中不断出现精神和食欲差及下痢的鸡只,常突然死亡,死亡不见高峰。鸡群密度过大、环境卫生条件恶劣、饲养管理粗放、气候突变、饲料突然改变或品质低下等均可加强本病的发生和死亡。本病病程较长,可拖延20~30天,死亡率达 10%~20%。

4)成年鸡白痢多是由雏鸡白痢的带菌者转化而来的,呈慢性或隐性感染,一般不见明显的临床症状,当鸡群感染比例较大时,明显影响产蛋量,产蛋高峰不高,维持时间短,种蛋的孵化率和出雏率均下降。有的鸡可见鸡冠萎缩,有的鸡开产时鸡冠发育尚好，以后则表现出鸡冠逐渐变小、发绀。病鸡时有下痢。

【病理变化】

1）胚胎感染主要的病理变化是肝脏的肿胀和充血，有时正常黄色的肝脏夹杂着条纹状出血。胆囊扩张，充满胆汁。卵黄吸收不良，内容物有轻微的变化。

2）病死鸡呈败血症经过，鸡只瘦小，羽毛污秽，肛门周围污染粪便，脱水，眼睛下陷，脚趾干枯；卵黄吸收不全，卵黄囊的内容物质变成浅黄色并呈奶油样或干酪样黏稠物；心包增厚，心脏上常可见灰白色坏死小点或小结节；肝脏肿大，并可见点状出血或灰白色针尖状的灶性坏死点（见彩图17）；胆囊扩张并充满胆汁；脾脏肿大，质地脆弱；肺部可见坏死或灰白色结节；肾脏充血或贫血，输尿管显著膨大，有时在肾小管中有尿酸盐沉积；肠道呈卡他性炎症，特别是盲肠常可出现干酪样栓子。

3）青年鸡白痢突出的病理变化是肝脏肿至正常的数倍，整个腹腔常被肝脏覆盖，肝脏的质地极脆，一触即破，被膜上可见散在或较密集的小红色或小白点；腹腔充盈血水或血块；脾脏肿大；心包扩张，心包膜呈黄色不透明；心肌可见数量不一的黄色坏死灶；心脏严重变形、变圆，整个心脏几乎被坏死组织代替；肠道呈卡他性炎症，肌胃常见坏死。

4）成年鸡白痢主要的病理变化在生殖系统，表现为卵巢与卵泡变形、变色及变性。卵巢未发育或发育不全，输卵管细小；卵子变形，如呈梨形、三角形、不规则等形状；卵子变色，如呈灰色、黄灰色、黄绿色、灰黑色等不正常色泽；卵泡或卵黄囊内的内容物变性，有的稀薄如水，有的呈米汤样，有的较黏稠成油脂样或干酪样。有病理变化的卵泡或卵黄囊常可从卵巢上脱落下来，成为干硬的结块阻塞输卵管，有的卵子破裂造成卵黄性腹膜炎，肠道呈卡他性症状（见彩图18）。

【诊断】 根据不同年龄鸡只感染的临床症状和病理特征，可做出本病的初步诊断，进一步确诊可进行病原分离和鉴定。

【预防措施】

1）加强育雏管理，育雏室经常保持清洁干燥，温度要维持恒定，垫草勤晒勤换，雏山鸡群不能过分拥挤，饲料要配合适当，防止雏山鸡发生啄癖，饲槽和饮水器防止被鸡粪污染。

2）注意常规消毒。鸡舍及一切用具要经常清洗消毒，搞好鸡场的环境卫生。孵化器在应用前，要用甲醛气雾消毒，育雏室和一切育雏用具要经常消毒，种蛋在孵化前用甲醛气熏消毒。

3）执行定期检疫措施，定期对种山鸡群检疫是消灭带菌者，防治鸡群鸡白痢的最有效措施。应用全血玻片凝集试验方法，一般种山鸡群的检疫每年需要进行 2～3 次，第 1 次可在 40～70 日龄时，应连续检疫 1～2 次，每次间隔 10～15 天；第 2 次应于山鸡群全面开产后进行，坚持淘汰阳性山鸡，以达到净化山鸡场的目的。

4）对新购进的山鸡，应选用合适的药物进行预防，有助于控制本病的发生。

【治疗方法】

1）抗生素类药物。磺胺类以磺胺嘧啶、磺胺甲基嘧啶和磺胺二甲基嘧啶为首选药物，在饲料中添加不超过 0.5%，饮水中可用 0.1%～0.2%，连续使用 5 天后停药 3 天，再继续使用 2～3 次。呋喃类药物首选呋喃唑酮，在饲料中添加 0.01%～0.04%，连喂 1 周，或者在饮水中添加 0.02%～0.03%，连喂 1 周，停药 3～5 天再继续使用。以上药物对鸡白痢均有较好的治疗效果。

其他抗菌药物如氯霉素、金霉素、土霉素、四环素、庆大霉素、卡那霉素、诺氟沙星（氟哌酸）等均较敏感，常用 0.1% 氯霉素拌料、诺氟沙星 0.01%～0.02% 拌料投服 5～6 天，或者庆大霉素针剂饮水，雏鸡每天上午和下午各 1 次，每次用 1000～1500 单位，连饮 4 天，可收到较好的治疗效果。污染严重的种山鸡群可使用氯霉素拌料投服 2 个疗程，间隔 1 周，可明显降低阳性山鸡带菌的比例。用药时不可长时间使用一种药物，也不可以通过加大药物剂量达到防治的目的。应考虑到有效药物可以在一定时间内交替、轮换使用，药物剂量要合理，防治要有一定的疗程。

2）微生物制剂。近年来，微生物制剂在防治畜禽下痢方面有较好的效果，这些制剂安全、无毒、不产生副作用，细菌不产生抗药性，并且价格低廉等，常用的有促菌生、调痢生、乳酸菌等，在用这些药物的同时及其前后 4～5 天应该禁用抗菌药物。例如，在使用促菌生时，每只山鸡每次服 0.5 亿个菌，每天 1 次，连服 3 天，效果甚好。剂型有片剂，每片 0.5 克，含 2 亿个菌；胶囊每粒 0.25 克，含 1 亿个菌。这些微生物制剂的效果多数情况下相当于或优于药物预防的水平。

3）中草药方剂。中草药方剂有以下 5 种：

① 白头翁、白术、茯苓各等份共研细末，每只幼雏每天 0.1～0.3 克，中雏每天 0.3～0.5 克，拌入饲料，连喂 10 天，治疗雏山鸡白痢，疗效很好，病鸡于 3～5 天病情得到控制而痊愈。

② 黄连、黄芩、苦参、金银花、白头翁、陈皮各等份共研细末，拌匀，按每只雏山鸡每天 0.3 克拌料，防治雏山鸡白痢的效果优于抗生素。

③ 蒲公英、甘草粉碎后，以 10∶3 的比例混匀，按 2% 添加于雏山鸡日粮中，出雏后连喂 3 周，防治雏山鸡白痢的效果显著，尤其适用于产生耐药性的山鸡群。

④ 白头翁、蒲公英、葛根、乌梅各 40 克，黄芩、金银花、黄檗、甘草各 30 克，各药粉碎混匀，按 1.5% 添加于雏山鸡日粮中，防治雏山鸡白痢效果好。

⑤ 将白头翁、苦参、龙胆草等药物粉碎混匀，按饲料量的 3% 或 5% 添加，出雏后第 2 天开始投药，防治山鸡白痢的效果与呋喃唑酮（痢特灵）相当。

二 马立克氏病

马立克氏病又名神经淋巴瘤病，是山鸡的一种淋巴组织增生性疾病，以对外周神经、性腺、虹膜、各种内脏器官、肌肉和皮肤等单个或多个组织器官发生单核细胞浸润为特征。本病是由细胞结合性疱疹病毒引起的传染性肿瘤病，导致上述各器官和组织形成肿瘤（见彩图19）。病鸡常见消瘦、肢体麻痹，并常有急性死亡。在病原学上可以与鸡的其他淋巴样肿瘤病相区别。

【病原学】　马立克氏病的病原体是一种细胞结合性疱疹病毒（MDV），它在分类上属疱疹病毒科中的丙亚科，是细胞结合性病毒。

1）形态：MDV裸露的病毒子或核衣壳呈六角形，直径85～100纳米，通常可见于感染组织培养细胞的细胞核内，在细胞质和细胞外液中偶可见到。具有囊膜的病毒子直径为150～160纳米，主要见于核膜和核泡，也有见于细胞质的。在羽囊上皮细胞中带囊膜的病毒子特别大，直径达273～400纳米，呈不规则的无定形结构。在负染制备中核衣壳呈对称的立方体或20面体，有162个中空壳粒，它们呈圆柱状，大小为6纳米×9纳米，相邻壳粒中心之间的距离为10纳米。

2）化学组成：MDV基因组是缠绕连接衣壳两个内极结构的线形双股DNA。基因组合有一长独特区和一短独特区，每一区都与反转重复序列邻接。虽然根据生物学特性MDV归为丙疱疹病毒，但其基因组却与甲疱疹病毒的更相似。

3）毒株分类：根据毒株的抗原差异MDV可分为血清1、2、3型，血清型和生物学特性相一致。

4）抵抗力：从感染鸡皮肤制备的无细胞病毒，在pH为3或10的条件下处理10分钟，4℃2周、25℃4天、37℃18小时、56℃30分钟或60℃10分钟均被灭活。从皮肤或细胞培养得到的无细胞病毒可以在－70℃保存，若有适当稳定剂可以冻干而不损失多少传染性。感染鸡群的垫料和羽毛因含有从羽囊上皮细胞来的无细胞病毒而具有传染性，这些材料的传染性在室温可保持4～8个月，在4℃至少保持10年，但在常用化学消毒剂作用下10分钟就能使之灭活。

【流行病学】　鸡是主要的马立克氏病自然宿主。山鸡可自然感染马立克氏病，马立克氏病对其他种生物的感染性极小或几乎没有。1日龄雏山鸡人工接种感染后3~6天出现溶细胞感染；6~8天淋巴器官出现变性病变，特别是胸腺和法氏囊萎缩；2周左右可见神经和其他器官有单核细胞浸润，并开始排毒；最早在18天前后，一般在3~4周出现临诊症状。大多数山鸡群开始暴发本病是从8~9周龄开始，12~20周龄是高峰期。但也有3~4周龄的幼雏群和60周龄的山鸡群暴发本病的事例。感染马立克氏病的病鸡，大部分为终生带毒，病毒不断从脱落的羽毛囊皮屑中排出有传染性的MDV，这就是马立克氏病的传播难于控制的根本性原因。至今还没有证明马立克氏病可垂直传播的事例。

虽然20世纪70年代已有疫苗预防本病，并且不少山鸡群在接种疫苗之后也明显地降低了发病率，很大程度地减少了损失，但也有一些山鸡群仍然存在不同程度由马立克氏病造成的损失。无母源抗体的山鸡群接种疫苗后最少需1周才能产生免疫力。有母源抗体的山鸡群则至少要在接种疫苗2周以上才能产生免疫力，疫苗剂量还得加大约4倍。部分统计的资料表明，初生山鸡雏在有MDV污染的环境中几乎在1周内疫苗产生免疫力之前已感染上了自然强毒，因而失去或降低了疫苗的效力。一般来说，免疫接种不能完全防止发病，同非免疫的对照山鸡群相比，保护率为80%~85%。

【临床症状】　MDV的症状被分为3种类型：神经型（古典型）、内脏型（急性型）和眼型。各型混合发生也时有出现。神经型症状最早出现的表现是病鸡步态不稳、共济失调。一肢或多肢的麻痹或瘫痪被认为是马立克氏的特征性症状，这是由于神经受到MDV不同程度的侵害而引起的，特别是一条腿伸向前方而另一条腿伸向后方。翅膀可因麻痹而下垂，颈部因麻痹而低头歪颈，嗉囊因麻痹而扩大并常伴有腹泻。病鸡采食困难，饥饿至脱水而死。发病期由数周到数月，死亡率为10%~15%。

内脏型多出现在急性暴发马立克氏的山鸡群。开始表现为大多数山鸡严重委顿，白色羽毛失去光泽而变为灰色。有些病鸡单侧或双侧肢体麻痹、厌食、消瘦和昏迷，最后衰竭而死。急性死亡于数周内停止，也可延至数月，一般死亡率为 10%～30%，也可高达 70%。眼型马立克氏可见山鸡单眼或双眼发病，视力减退或消失。虹膜失去正常色素，变为同心环状或斑点状，以至弥漫性青蓝色到弥散性灰白色混浊不等的变化。瞳孔边缘不整齐，严重的只剩一个似针头大小的孔。以上 3 种类型在发生本病的山鸡群中常同时存在。出现临诊症状的病鸡有少部分能康复，但多数以死亡告终。

【预防措施】

1）搞好卫生与管理。在山鸡场内实行全进全出制度。幼雏对本病易感性极高，即使免疫接种质量很好，如果在出壳的前 4 周内接触到本病的强毒，可能仍会发病。因此，1～90 日龄育雏阶段应进行隔离。搞好鸡舍的环境消毒工作，定期进行驱虫，特别要注意预防球虫病。不从有马立克氏病的山鸡场进鸡、进种蛋，购买的种蛋要进行消毒，种山鸡要隔离饲养，一旦发现本病要全部淘汰。

2）预防接种。所有山鸡均在出壳后尽早接种疫苗，免疫接种与接触强毒的时间间隔越长，免疫效果越好。近年来国外有人对 18～19 日龄的鸡胚进行免疫接种，使山鸡一出壳就具有对本病的抵抗力，效果令人满意。

① 火鸡疱疹病毒（HVT）苗，使用时按瓶签说明，加稀释液后，对每只山鸡皮下或肌内注射 0.2 毫升。注苗后 10～14 天产生免疫力，免疫持续期为一年半。疫苗现用现配，稀释好的疫苗应放入盛有冰块的容器中，必须在 1 小时内用完。

② 自然低毒力弱毒（814 株）疫苗，必须在液氮中保存及运输，使用时从液氮中取出疫苗并迅速放入 38℃ 左右的温水中，融化后用专用稀释液稀释，1 小时内必须用完。对每只山鸡肌内注射或皮下注射 0.2 毫升，注苗后 3 天可产生免疫力，免疫持续期

为一年半。

三　鸡痘

鸡痘是山鸡的一种急性、接触性传染病，特征是在无毛或少毛的皮肤上，特别是眼、喙及肛门周围发生痘疹，或者在口腔、咽喉及食道等黏膜处形成白喉性伪膜（见彩图20和彩图21）。近年来多发，一般死亡率较低，但并发其他疾病或卫生条件及营养不良时，可引起大量死亡。本病主要以吸血昆虫传播，蚊虫多的季节多发。

【病原学】　鸡痘病毒可在10～12胚龄的鸡胚成纤维细胞上生长繁殖，产生特异性病变，细胞首先变圆，继而变性坏死。在鸡胚绒毛尿囊膜上形成致密的局灶性或弥漫性的痘斑，灰白色，坚实，厚约5毫米，中央为灰死区。

病毒在其感染皮肤表皮细胞和鸡胚绒毛尿囊膜细胞质内形成包涵体。病毒对外界自然因素抵抗力强，阳光照射数周仍有活力，-15℃保存多年仍有致病性。对乙醚有抵抗力。1:1000福尔马林中可存活9天。1%氢氧化钠溶液可将其灭活。50℃经过30分钟或60℃经过8分钟可将其灭活。胰蛋白酶不能消化DNA或病毒粒子。腐败环境中病毒会很快死亡。

【流行病学】　各种年龄、性别和品种的山鸡都能感染本病，小雏和中雏发病居多且死亡率高。本病一年四季均可发生。一般秋末冬初皮肤型鸡痘较多发生，冬季则黏膜型发生较多。病鸡脱落或披散的痘痂或痂膜污染的饲料、饮水、饲槽、水槽等，都可传播本病。本病主要通过皮肤和黏膜的伤口感染，健康皮肤不能感染，也不经口感染。吸血昆虫在本病的传播中起了主要作用。

【预防措施】

1）以沙氏鸡痘疫苗实施翼膜穿刺法接种。若鸡只处于危险地区，应尽量提早（甚至1～2日龄）接种。若补充鸡群于2日龄接种温和鸡痘疫苗（小痘），则6～12周龄必须再次以沙氏鸡痘疫苗（大痘）补强接种。

> ➡ 【提示】　免疫接种痘苗，适用于 7 日龄以上各种年龄的山鸡。用时以生理盐水或冷开水稀释 10～50 倍，用刺针蘸取疫苗刺种在山鸡翅膀内侧无血管处皮下。接种 7 天左右，刺中部位呈现红肿、起泡，以后逐渐干燥结痂而脱落，可免疫 5 个月。

2）搞好环境卫生，消灭蚊、蠓和鸡虱、鸡螨等。及时隔离病鸡，甚至应淘汰病鸡，并彻底消毒场地和用具。

【治疗方法】　对于鸡痘尚未有特效治疗药物，主要靠平时有计划地对山鸡群进行免疫，发病后只能对症治疗防止继发感染。鸡痘发生后用以下方法治疗可取得很好的效果：

1）抗病毒疗法：用吗啉胍即病毒灵（人用）。对严重痘痂者，用镊子去掉痂皮后。用 0.05% 高锰酸钾溶液清洗，再涂布阿昔洛韦软膏（人用），每天 1～2 次。

2）抗菌药预防继发感染：用 5% 恩诺沙星按 1.5 克兑水 1 千克让山鸡自由饮用，每天 1～2 次，连用 3 天。用上述方法治疗 3 天，病情明显好转，7 天基本痊愈。

四　传染性法氏囊病

法氏囊位于禽类泄殖腔的背侧，也称腔上囊，是禽类特有的体液免疫中枢器官，70～80 日龄时体积最大，以后逐渐消退，性成熟时消失。传染性法氏囊病（IBD）破坏了法氏囊，从而引起雏山鸡免疫抑制，导致山鸡对细菌的易感性增高，故对马立克氏病和新城疫疫苗接种的反应能力下降，也使病鸡对球虫、大肠杆菌、腺病毒和沙门氏菌更易感。本病首先在法氏囊出现局部感染，进而形成菌血症，导致各脏器损害（见彩图 22）。

传染性法氏囊病为高度接触性感染。病毒通过被污染的环境、饲料、饮水、垫料、粪便、用具、衣物、昆虫等传播，不经过彻底、有效的隔离，消毒措施很难控制。

【病原学】　鸡传染性法氏囊病病毒为双 RNA 病毒科。电镜观察表明传染性法氏囊病病毒（IBDV）有不同大小的两种颗粒，大颗粒约 60 纳米，小颗粒约 20 纳米，均为 20 面体立体对称结构。病毒粒子无囊膜，仅由核酸和衣壳组成。核酸为双股双节段 RNA，衣壳是由一层 32 个壳粒按 5:3:2 对称形式排列构成的。

此病的病毒耐热，耐阳光和紫外线照射。病鸡舍中的病毒可存活 100 天以上。56℃加热 5 小时仍存活，60℃可存活 0.5 小时，70℃则迅速灭活。病毒耐酸不耐碱，pH 为 2.0 时经 1 小时不被灭活，pH 为 12 时则受抑制。病毒对乙醚和氯仿不敏感。3% 甲酚（煤酚）皂溶液、0.2% 过氧乙酸、2% 次氯酸钠、5% 漂白粉、3% 石炭酸（苯酚）、3% 福尔马林、0.1% 升汞溶液可在 30 分钟内灭活该病毒。

【流行病学】　IBDV 的自然宿主仅为雏鸡和火鸡。从鸡分离的 IBDV 只感染鸡，本病一般发病率高（可达 100%）而死亡率不高（多为 5% 左右，也可达 20%~30%），卫生条件差而伴发其他疾病时死亡率可升至 40% 以上，雏鸡甚至可达 80% 以上。

IBD 母源抗体阴性的山鸡可于 1 周龄内感染发病，有母源抗体的山鸡多在母源抗体下降至较低水平时感染发病。3~6 周龄的山鸡最易感，也有 15 周龄以上的山鸡发病的报道。本病全年均可发生，无明显季节性。

病鸡是主要的传染源，其粪便中含有大量病毒，还可通过直接接触和污染了 IBDV 的饲料、饮水、垫料、尘埃、用具、车辆、人员、衣物等间接传播，老鼠和甲虫等也可间接传播。有人从蚊子体内分离出一株病毒，被认为是一株 IBDV 自然弱毒，由此说明媒介昆虫可能参与本病的传播。IBDV 不仅可通过消化道和呼吸道感染，还可通过污染了病毒的蛋壳传播，但没有证据表明经卵传播。另外，该病经眼结膜也可传播。

本病的另一流行病学特点是发病的鸡场常常出现新城疫、马立克氏病等疫苗接种的免疫失败，这种免疫抑制现象常使发病率和死亡率急剧上升。本病产生的免疫抑制程度随感染山鸡的日龄不同而异，初生雏山鸡感染 IBDV 最为严重，可使法氏囊发生坏死性的不可逆病变。1 周龄后或 IBD 母源抗体消失后而感染 IBDV 的山鸡，其影响有所减轻。

【临床症状】　本病潜伏期为 2～3 天，易感山鸡群感染后发病突然，病程一般为 1 周左右，典型发病山鸡群的死亡曲线呈尖峰式。发病山鸡群的早期症状之一是有些病鸡有啄自己肛门的现象，随即病鸡出现腹泻，排出白色黏稠或水样稀便。随着病程的发展，病鸡食欲逐渐消失，颈和全身震颤，步态不稳，羽毛蓬松，精神委顿，卧地不动，体温常升高，泄殖腔周围的羽毛被粪便污染。此时病鸡脱水严重，趾爪干燥，眼窝凹陷，最后衰竭死亡。急性病鸡可在出现症状 1～2 天后死亡，鸡群 3～5 天达死亡高峰，以后逐渐减少。在初次发病的山鸡场多呈显性感染，症状典型，死亡率高。以后发病多转入亚临诊型。近年来，发现部分Ⅰ型变异株所致的病型多为亚临诊型，死亡率低，但其造成的免疫抑制严重。病鸡精神萎靡、食欲不振、缩颈，颈部毛竖起、下痢、虚脱而死。发生后第 1～2 天有山鸡死亡，第 4～7 天死亡率达最高峰，之后病鸡慢慢恢复正常。发生率可达 100%，死亡率为 20%～30%，但也有高达 50%～60%。

【病理变化】　病死鸡肌肉色泽发暗，大腿内侧与外侧和胸部肌肉常见条纹状或斑块状出血。腺胃和肌胃交界处常见出血点或出血斑。法氏囊病变具有特征性，水肿，比正常大 2～3 倍，囊壁增厚，外形变圆，呈土黄色，外包裹有胶冻样透明渗出物。黏膜皱褶上有出血点或出血斑，内有炎性分泌物或黄色干酪样物。随病程的延长，法氏囊萎缩变小，囊壁变薄，第 8 天后仅为其原重量的1/3 左右。一些严重病例可见法氏囊严重出血，呈紫黑色，如紫葡萄状。十二指肠黏膜增厚，轻微出血。有纤维素性心包炎，心包膜增厚，心包腔蓄积大量黄色半透明液体，有颗粒样纤维蛋白渗出物，冠状脂肪沟有针尖大小出血点，部分心包膜与心肌发生粘连。腺胃乳头周围出血，尤其与肌胃交界处明显。肝脏肿大，肝脏表面及周边有出血点或坏死病灶。肾脏瘀血肿大，常见尿酸盐沉积，输尿管有大量尿酸盐而扩张。鼻腔内有浆液性、脓性分泌物。泄殖腔出血，充满白色或黄白色稀粪。脾脏肿大、出血。盲肠扁桃体多肿大、出血。

【临床诊断】 本病根据其流行病学、病理变化和临诊症状可做出初步诊断。确诊必须做实验室诊断。

死鸡呈严重脱水现象，腿肌及胸肌可见大片出血点或出血块。法氏囊肿大、化脓，有时出血。肾脏肿大，尿酸沉着。腺胃及肌胃交接处黏膜有时出血。由于发病很快，经 3~4 天高死亡率后迅速恢正常。法氏囊肿大化脓、出血至萎缩，出现以上症状可诊断为本病。

【防治措施】

1）科学饲养管理。采用全进全出饲养体制，饲喂全价饲料。鸡舍换气良好，温度、湿度适宜，消除各种应激条件，提高鸡体免疫应答能力。对 60 日龄内的雏山鸡最好实行隔离封闭饲养，杜绝传染源。

2）严格卫生管理。加强消毒净化措施，防止外源病毒进入鸡场。进鸡前鸡舍（包括周围环境）用消毒液喷洒→清扫→高压水冲洗→消毒液喷洒（几种消毒剂交替使用 2~3 遍）→干燥→甲醛熏蒸→封闭 1~2 周后换气再进鸡。饲养山鸡期间，定期进行带鸡气雾消毒，可采用 0.3% 次氯酸钠或过氧乙酸等，按 30~50 毫升/米^3。

3）搞好免疫接种。目前使用的疫苗主要有灭活苗和活苗两类。灭活苗主要有组织灭活苗和油佐剂灭活苗，使用灭活苗对已接种活苗的山鸡效果好，并使母源抗体保护雏山鸡长达 4~5 周。疫苗接种途径有注射、滴鼻、点眼、饮水等多种方法，可根据疫苗的种类、性质、鸡龄、饲养管理等情况进行选择。免疫程序的制定应根据琼脂扩散试验（AGP）或 ELISA 方法对山鸡群的母源抗体、免疫后的抗体水平进行监测，以便选择合适的免疫时间。若用标准抗原做 AGP 测定母源抗体水平，若 1 日龄阳性率小于80%，可在10~17日龄首免，若阳性率大于或等于80%，应在7~10日龄再检测后确定首免日龄；若阳性率小于50%，就在14~21日龄首免，若大于或等于50%，应在17~24日龄首免。若用间接ELISA测定抗体水平，雏山鸡抵抗感染的母源抗体水平应为ET大于或等于350。如果未做抗体水平检测，一般种山鸡采用2周龄较大剂量中毒型弱毒疫苗首免，4~5周龄加强免疫1次，产蛋前（18~20周龄）和38周龄时各注射油佐剂灭活苗1次，一般可保持较高的母源抗体水平。肉用雏山鸡和蛋鸡视抗体水平多在2周龄和4~5周龄时进行2次弱毒苗免疫。

4）严格扑灭措施。发病鸡舍应严格封锁，每天上午和下午各进行1次带鸡消毒。对环境、人员、工具也应进行消毒。及时选用对山鸡群有效的抗生素，控制继发感染。改善饲养管理和消除应激因素。可在饮水中加入复方口服补液盐及维生素C、维生素K、维生素B或1%~2%奶粉，以保持鸡体水、电解质、营养平衡，促进康复。病雏早期用高免血清或卵黄抗体治疗可获得较好的疗效。雏山鸡0.5~1.0毫升/只，大鸡1.0~2.0毫升/只，皮下或肌内注射，必要时次日再注射1次。

要注意场内卫生，加强消毒防疫。肉用山鸡在1周龄及2周龄时使用活毒疫苗饮水。种山鸡、蛋鸡分别在1周龄、2周龄、8周龄、12周龄、18周龄及产蛋后每隔3个月补强1次。

五 新城疫

新城疫（ND）是由新城疫病毒引起禽的一种急性、热性、败血性和高度接触性传染病。以高热、呼吸困难、下痢、神经紊乱、黏膜和浆膜出血为特征，具有很高的发病率和病死率，是危害养禽业的一种主要传染病。世界动物卫生组织（OIE）将其列为A类疫病。

【病原学】 新城疫病毒为副黏病毒科副黏病毒属的禽副黏病毒I型。病毒存在于病禽的所有组织器官、体液、分泌物和排泄中，以脑、脾脏、肺含毒量最高，以骨髓含毒时间最长。此病毒在低温条件下抵抗力强，在4℃可存活1~2年，-20℃时能存活10年以上；真空冻干病毒，在30℃可保存30天，15℃可保存230天；不同毒株对热的稳定性有较大的差异。

该病毒对消毒剂、日光及高温的抵抗力不强，一般消毒剂的常用浓度即可很快将其杀灭。很多种因素都能影响消毒剂的效果，如病毒的数量、毒株的种类、温度、湿度、阳光照射、储存条件及是否存在有机物等，尤其是以有机物的存在和低温的影响作用最大。

【流行病学】 鸡、山鸡、火鸡、珍珠鸡、鹌鹑易感。其中以鸡最易感，山鸡次之。不同年龄的鸡易感性存在差异，幼雏和中雏易感性最高，2年以上的老鸡易感性较低。水禽，如鸭、鹅等也能感染本病，并已从鸭、鹅、天鹅、塘鹅和鸬鹚中分离到病毒，但它们一般不能将病毒传给家禽。鸽、斑鸠、乌鸦、麻雀、八哥、老鹰、燕子及其他自由飞翔的或笼养的鸟类，大部分也能自然感染本病或伴有临诊症状或取隐性经过。

病鸡是本病的主要传染源，山鸡感染后临床症状出现前24小时，其口、鼻分泌物和粪便就有病毒排出。病毒存在于病鸡的所有组织器官、体液、分泌物和排泄物中。在流行间歇期的带毒山鸡也是本病的传染源。鸟类也是主要的传播者。

病毒可经消化道、呼吸道，也可经眼结膜、受伤的皮肤和泄殖腔黏膜侵入机体。

本病一年四季均可发生，但以春秋两季较多。鸡场内的山鸡一旦发生本病，可于4~5天内波及全群。

【发病机理】 新城疫病毒可经过消化道或呼吸道，也可经眼结膜，以及受伤的皮肤和泄殖腔黏膜侵入机体，病毒在24小时内很快侵入组织繁殖，随后进入血液扩散到全身，引起病毒血症。此时病毒吸附在细胞上，使红细胞凝集、膨胀，继而发生溶血。同时，病毒还使心脏和血管系统发生严重损害，导致心肌变性而发生心脏衰竭，从而引起血液循环高度障碍。由于毛细血管通透性坏死性炎症，因而临床诊断上表现出严重的消化障碍和下痢。在呼吸道则主要发生卡他性炎症和出血，使气管被渗出的黏液堵塞，造成高度呼吸困难。在发病的后期，病毒侵入中枢神经系统，常引起非化脓性脑炎变化，导致神经症状。

【病理变化】　由于病毒侵害心血管系统，造成血液循环高度障碍而引起全身性炎性出血、水肿。在发病的后期，病毒侵入中枢神经系统，常引起非化脓性脑炎变化，导致神经症状。消化道病变以腺胃、小肠和盲肠最具特征。腺胃乳头肿胀、出血或溃疡，尤以在与食管或肌胃交界处最明显。十二指肠黏膜及小肠黏膜出血或溃疡，有时可见到岛屿状或枣核状溃疡灶，表面有黄色或灰绿色纤维素膜覆盖。盲肠扁桃体肿大、出血和坏死。呼吸道以卡他性炎症和气管充血、出血为主。鼻、喉、气管中有浆液性或卡他性渗出物。弱毒株感染、慢性或非典型性病例可见到气囊炎，囊壁增厚，有卡他性或干酪样渗出。产蛋山鸡常有卵黄泄漏到腹腔形成卵黄性腹膜炎，卵巢滤泡松软变性，其他生殖器官出血或褪色。

【临床症状】　根据临诊表现和病程长短，新城疫分为最急性、急性和慢性3种类型：

1）最急性型：此型多见于雏山鸡和流行初期。常突然发病，无特征性症状而迅速死亡。往往头天晚上饮食活动如常，次日早晨发现死亡。

2）急性型：表现有呼吸道、消化道、生殖系统、神经系统异常。往往以呼吸道症状开始，继而下痢。起初体温升高达43～44℃，呼吸道症状表现为咳嗽、黏液增多、呼吸困难而引颈张口、呼吸出声或突然出现怪叫声。鸡冠和肉髯呈暗红色或紫色。精神委顿，食欲减少或丧失，渴欲增加，羽毛松乱，不愿走动，垂头缩颈，翅翼下垂，眼半闭或全闭，状似昏睡。母山鸡产蛋停止或产软壳蛋。口角流出大量黏液，为排除黏液，病鸡常甩头或吞咽。嗉囊内积有液体状内容物，倒提时常从口角流出大量酸臭的暗灰色液体。排黄绿色或黄白色水样稀便，有时混有少量血液。后期粪便呈蛋清样。部分病例中，出现神经症状，如翅、腿麻痹，站立不稳，水禽、鸟等不能飞动、失去平衡等，最后体温下降，不久在昏迷中死去，死亡率达90%以上。1月龄内的雏禽病程短，症状不明显，死亡率高。

3）慢性型：多发生于流行后期的成年禽。耐过急性型的病禽，常以神经症状为主，初期症状与急性型相似，不久有好转，但出现神经症状，如翅膀麻痹、跛行或站立不稳，头颈向后或向一侧扭转，常伏地旋转，反复发作。在间歇期内一切正常，貌似健康，但若受到惊扰刺激或抢食，则又突然发作，头颈屈仰，全身抽搐旋转，数分钟又恢复正常，最后可变为瘫痪或半瘫痪，或者逐渐消瘦，终至死亡，但病死率较低。

【预防措施】 及早实施免疫，提前建立局部黏膜抵抗力。活疫苗与灭活苗联合使用。活疫苗免疫后产生免疫应答早，免疫力完全，缺点是产生的体液抗体低且维持时间短。灭活苗免疫能诱导机体产生坚强而持久的体液抗体，但产生免疫应答晚，并且不能产生局部黏膜抗体。两种疫苗联合使用可以做到优势互补，给山鸡群提供坚强且持久的保护。根据抗体水平，及时补充免疫。

建议的免疫程序如下：

① 首免：1～3日龄，Ⅱ系、Ⅳ系或克隆株疫苗。

② 二免：首免后1～2周，VH系、Ⅳ系或克隆株。

③ 三免：二免后2～3周，活苗＋灭活苗。

④ 四免：8～10周龄，Ⅳ系或克隆株气雾或点眼。

⑤ 五免：16～18周龄，活苗＋灭活苗。

⑥ 产蛋期：根据抗体水平及时补充免疫或2个月免疫1次活疫苗。在做好免疫的同时，加强饲养管理，做好消毒工作。

存在本病或受本病威胁的地区，预防的关键是对健康山鸡进行定期免疫接种。平时应严格执行防疫规定，防止病毒或传染源与易感山鸡群接触。

发生本病时应按《动物防疫法》及其有关规定处理。扑杀病禽和同群禽，深埋或焚烧尸体；污染物要无害化处理；对受污染的用具、物品和环境要彻底消毒。对疫区、受威胁区的健康山鸡立即紧急接种疫苗。

【治疗方法】

1) 平时要重视免疫接种。对于新城疫的免疫程序，科学的方法是通过 HI 抗体检测后才能确定。一般来讲，首次免疫在 10 日龄进行（Ⅳ系苗点眼、滴鼻），经过 10 ~ 15 天后进行二次免疫（Ⅳ系苗饮水）。

2) 山鸡发病多呈急性、亚急性和慢性经过，在临床治疗多是亚急性病例，治疗常用西药利巴韦林（病毒唑）抗病毒，安乃近退烧解表，β-内酰胺类抗生素防止继发感染。

3) 中药治疗方案：生石膏 1200 克，生地黄 300 克，水牛角 600 克，黄连 200 克，栀子 300 克，丹皮 200 克，黄芩 250 克，赤芍 250 克，玄参 250 克，知母 300 克，连翘 300 克，桔梗 250 克，甘草 150 克，淡竹叶 250 克，地龙 200 克，细辛 5 克，干姜 10 克，板蓝根 150 克，青黛 100 克共同粉碎，0.5% ~ 1% 拌料或煲水，药液饮水，药渣拌料。

六 禽霍乱

禽霍乱是一种侵害家禽和野禽的接触性疾病，又名禽巴氏杆菌病、禽出血性败血症。本病自然潜伏期一般为 2 ~ 9 天，常呈现败血性症状，发病率和死亡率很高，但也常出现慢性或良性经过。

【病原学】 多杀性巴氏杆菌是两端钝圆、中央微凸的短杆菌，长 1 ~ 1.5 微米，宽 0.3 ~ 0.6 微米，不形成芽孢，也无运动性。普通染料都可着色，革兰氏染色呈阴性。病料组织或体液涂片用瑞氏-姬姆萨氏法或亚甲蓝染色镜检，见菌体多呈卵圆形，两端着色深，中央部分着色较浅，很像并列的两个球菌，所以又叫两极杆菌。用培养物所做的涂片，两极着色则不那么明显。用印度墨汁等染料染色时，可看到清晰的荚膜。新分离的细菌荚膜宽厚，经过人工培养而发生变异的弱毒菌，荚膜狭窄且不完全。

本菌为需氧兼性厌氧菌，在普通培养基上均可生长，但不繁茂，如添加少许血液或血清则生长良好。本菌生长于普通肉汤中，起初均匀混浊，以后形成黏性沉淀和薄的附壁的菌膜。在血琼脂上长出灰白色、湿润而黏稠的菌落。在普通琼脂上形成细小透明的露滴状菌落。明胶穿刺培养，沿穿刺孔呈线状生长，上粗下细。本菌在加血清和血红蛋白的培养基上于 37℃ 培养 18～24 小时，45°折射光线下检查，菌落呈明显的荧光反应。荧光呈蓝绿色而带金光，边缘有狭窄的红黄光带的称为 Fg 型，对猪、牛等家畜是强毒菌，对山鸡等禽类毒力弱。荧光呈橘红色而带金光，边缘有乳白光带的称为 Fo 型，它的菌落大，有水样的湿润感，略带乳白色，不及 Fg 型透明。Fo 型对山鸡等禽类是强毒菌，而对猪、牛、羊家畜的毒力则很微弱。Fg 和 Fo 型可以发生相互转变。还有一种无荧光也无毒力的 Nf 型。

本菌对物理和化学因素的抵抗力比较低。在培养基上保存时，至少每月移植 2 次。在自然干燥的情况下，本菌很快死亡。在 37℃ 保存的血液、猪肉及肝脏、脾脏中，分别于 6 个月、7 天及 15 天死亡。在浅层的土壤中可存活 7～8 天，在粪便中可活 14 天。普通消毒药常用浓度对本菌都有良好的消毒力：1% 石炭酸、1% 漂白粉、5% 石灰乳、0.02% 升汞液数分钟至数十分钟死亡。日光对本菌有强烈的杀菌作用，薄菌层暴露于阳光下 10 分钟即被杀死。热对本菌的杀菌力很强，马丁肉汤 24 小时培养物加热 60℃ 时 1 分钟即死。

【流行病学】　本病对各种家禽，如鸡、鸭、鹅、火鸡等都有易感性，但鹅易感性较差，各种山鸡等野禽也易感。禽霍乱造成禽的死亡通常发生于产蛋群，因这种年龄的禽较幼龄禽更为易感。16 周龄以下的山鸡一般具有较强的抵抗力，但临床也曾发现 10 天发病的山鸡群。自然感染的山鸡群的死亡率通常是 0%～20% 或更高，经常发生产蛋量下降和持续性局部感染。断料、断水或突然改变饲料，都可使山鸡对禽霍乱的易感性提高。

禽霍乱怎样传入山鸡群，常常是不能确定的。慢性感染禽被认为是传染的主要来源。细菌经蛋传播很少发生。大多数农畜都可能是多杀性巴氏杆菌的带菌者，污染的笼子、饲槽等都可能传播病原。多杀性巴氏杆菌在禽群中的传播主要是通过病禽口腔、鼻腔和眼结膜的分泌物进行的，这些分泌物污染了环境，特别是饲料和饮水。粪便中很少含有活的多杀性巴氏杆菌。

自然感染的潜伏期一般为 2~9 天，有时在引进病鸡后 48 小时内也会突然暴发。人工感染通常在 24~48 小时发病。由于山鸡的机体抵抗力和病菌的致病力强弱不同，所表现的病状也有差异。一般分为最急性、急性和慢性 3 种病型。

1）最急性型：常见于流行初期，以产蛋高的山鸡最常见。病鸡无前驱症状，晚间一切正常，吃得很饱，次日发病死在鸡舍内。

2）急性型：最为常见，病鸡主要表现为精神沉郁，羽毛松乱，缩颈闭眼，头缩在翅下，不愿走动，离群呆立。病鸡常有腹泻，排出黄色、灰白色或绿色的稀粪。体温升高到 43~44℃，减食或不食，渴欲增加。呼吸困难，口、鼻分泌物增加。鸡冠和肉髯变为青紫色，有的病鸡肉髯肿胀，有热痛感。产蛋鸡停止产蛋。最后发生衰竭，昏迷而死亡，病程短的约半天，长的为 1~3 天。

3）慢性型：是由急性型转变而来的，多见于流行后期。以慢性肺炎、慢性呼吸道炎和慢性胃肠炎较多见。病鸡鼻孔有黏性分泌物流出，鼻旁窦肿大，喉头积有分泌物而影响呼吸；经常腹泻；消瘦，精神委顿，冠苍白；有些病鸡一侧或两侧肉髯显著肿大，随后可能有脓性干酪样物质，或者干结、坏死、脱落；有的病鸡有关节炎，常局限于脚或翼关节和腱鞘处，表现为关节肿大、疼痛、脚趾麻痹，因而发生跛行。病程可拖至 1 个月以上，但生长发育和产蛋长期不能恢复。

【病理变化】

1）最急性型死亡的病鸡无特殊病变，有时只能看见心外膜有少许出血点。

2）急性病例病变较具特征，病鸡的腹膜、皮下组织及腹部脂肪常见小点出血。心包变厚，心包内积有大量不透明浅黄色液体，有的含纤维素絮状液体，心外膜、心冠脂肪出血尤为明显。肺部充血或有出血点。肝脏的病变具有特征性，肝稍肿，质变脆，呈棕色或黄棕色；肝表面散布有许多灰白色、针头大的坏死点。脾脏一般不见明显变化，或者稍微肿大，质地较柔软。肌胃出血显著，肠道尤其是十二指肠呈卡他性和出血性肠炎，肠内容物含有血液。

3）慢性型因侵害的器官不同而有差异。当以呼吸道症状为主时，见到鼻腔和鼻旁窦内有大量黏性分泌物，某些病例见肺硬变。局限于关节炎和腱鞘炎的病例，主要见关节肿大变形，有炎性渗出物和干酪样坏死。公山鸡的肉髯肿大，内有干酪样的渗出物，母鸡的卵巢明显出血，有时卵泡变形，似半煮熟样（见彩图 23）。

【防治措施】 加强鸡群的饲养管理，平时严格执行鸡场兽医卫生防疫措施，以栋舍为单位采取全进全出的饲养制度，预防本病的发生是完全有可能的。一般从未发生本病的山鸡场不进行疫苗接种。

鸡群发病时应立即采取治疗措施，有条件的地方应通过药敏试验选择有效药物全群给药。磺胺类药物、氯霉素、红霉素、庆大霉素、环丙沙星、恩诺沙星、喹乙醇均有较好的疗效。在治疗过程中，剂量要足，疗程合理，当鸡只死亡明显减少后，再继续投药 2~3 天以巩固疗效防止复发。

对常发地区或鸡场，药物治疗效果日渐降低，本病很难得到有效控制，可考虑应用疫苗进行预防，由于疫苗免疫期短，防治效果并不十分理想。在有条件的地方可在本场分离细菌，经鉴定合格后，制作自家灭活苗，定期对鸡群进行注射，经实践证明通过 1~2 年的免疫，本病可得到有效控制。现在国内有较好的禽霍乱蜂胶灭活疫苗，安全可靠，可在 0℃下保存 2 年，易于注射，不影响产蛋，无毒副作用，可有效防治本病。

七 鸡球虫病

鸡球虫病是鸡常见且危害十分严重的寄生虫病，是由一种或多种球虫引起的急性流行性寄生虫病，它造成的经济损失是惊人的。10~30 日龄的雏山鸡或 35~60 日龄的青年山鸡的发病率和致死率可高达 80%。病愈的雏山鸡生长受阻，增重缓慢；成年山鸡一般不发病，但为带虫者，增重和产蛋能力降低，是传播球虫病的主要病源。

【病原学】 病原为原虫中的艾美耳科艾美耳属的球虫。世界各国已经记载的鸡球虫种类共有 13 种之多，我国已发现 9 种。不同种的球虫，在鸡肠道内的寄生部位不一样，其致病力也不相同。柔嫩艾美耳球虫寄生于盲肠，致病力最强；毒害艾美耳球虫寄生于小肠中 1/3 段，致病力强；巨型艾美耳球虫寄生于小肠，以中段为主，有一定的致病作用；堆型艾美耳球虫寄生于十二指肠及小肠前段，有一定的致病作用，严重感染时引起肠壁增厚和肠道出血等病变；和缓艾美耳球虫、哈氏艾美耳球虫寄生在小肠前段，致病力较低，可能引起肠黏膜的卡他性炎症；早熟艾美耳球虫寄生在小肠前 1/3 段，致病力低，一般无肉眼可见的病变；布氏艾美耳球虫寄生于小肠后段，盲肠根部，有一定的致病力，能引起肠道点状出血和卡他性炎症；变位艾美耳球虫寄生于小肠、直肠和盲肠，有一定的致病力，轻度感染时肠道的浆膜和黏膜上出现单个的、包含卵囊的斑块，严重感染时可出现散在的或集中的斑点。

球虫孢子化卵囊对外界环境及常用消毒剂有极强的抵抗力，一般的消毒剂不易破坏，在土壤中可保持生活力达 4~9 个月，在有树荫的地方可达 15~18 个月。但鸡球虫未孢子化卵囊对高温及干燥环境抵抗力较弱，36℃即可影响其孢子化率，40℃环境中停止发育，在 65℃ 高温作用下，几秒钟卵囊即全部死亡；湿度对球虫卵囊的孢子化也影响极大，干燥室温环境下放置 1 天，即可使球虫丧失孢子化的能力，从而失去传染能力。

【临床症状】　病鸡精神沉郁，羽毛蓬松，头蜷缩，食欲减退，嗉囊内充满液体，鸡冠和可视黏膜贫血、苍白，逐渐消瘦，病鸡常排红色胡萝卜样粪便（见彩图 24），若感染柔嫩艾美耳球虫，开始时粪便为咖啡色，以后变为完全的血粪，如果不及时采取措施，致死率可达 50% 以上。若多种球虫混合感染，粪便中带血，并含有大量脱落的肠黏膜。

病鸡内脏变化主要发生在肠管，病变部位和程度与球虫的种类有关。柔嫩艾美耳球虫主要侵害盲肠，两支盲肠显著肿大，可为正常的 3~5 倍，肠腔中充满凝固的或新鲜的暗红色血液，盲肠上皮变厚，有严重的糜烂。毒害艾美耳球虫损害小肠中段，使肠壁扩张、增厚，有严重的坏死。在裂殖体繁殖的部位，有明显的浅白色斑点，黏膜上有许多小出血点。肠管中有凝固的血液或有胡萝卜色胶冻状的内容物（见彩图 25）。

【防治措施】　加强饲养管理。成鸡与雏鸡分开喂养，以免带虫的成年山鸡散播病原导致雏山鸡暴发球虫病。保持鸡舍干燥、通风和鸡场卫生，定期清除粪便并堆放；发酵以杀灭卵囊。保持饲料、饮水清洁，笼具、料槽、水槽定期消毒，一般每周 1 次，可用沸水、热蒸汽或 3%~5% 热碱水等处理。据报道，用球杀灵和 1:200 的农乐溶液消毒鸡场及运动场，均对球虫卵囊有强大的杀灭作用。每千克日粮中添加 0.25~0.5 毫克硒可增强山鸡对球虫的抵抗力。补充足够的维生素 K 和给予 3~7 倍推荐量的维生素 A 可加速鸡患球虫病后的康复。

迄今为止，国内外对鸡球虫病的防制主要依靠药物。使用的药物有化学合成的和抗生素两大类，从 1936 年首次出现专用抗球虫药以来，已报道的抗球虫药达 40 余种，现今广泛使用的有 20 种。

1）常用预防药物：

① 氯羟吡啶：预防按 30~33 毫克/千克混饲，连用 1~2 个月，

治疗按 60~66 毫克/千克混饲 3~7 天，后改预防量予以控制。

② 氨丙啉：可混饲或饮水给药。预防按 100~125 毫克/千克混饲，连用 2~4 周；治疗按 250 毫克/千克混饲，连用 1~2 周，然后减半，连用 2~4 周。应用本药期间，应控制每千克饲料中维生素 B_1 的含量，以不超过 10 毫克为宜，以免降低药效。

③ 硝苯酰胺（球痢灵）：预防按 125 毫克/千克混饲，治疗按 250~300 毫克/千克混饲，连用 3~5 天。

④ 莫能霉素：预防按 80~125 毫克/千克混饲连用 3~5 天。

⑤ 盐霉素（球虫粉，优素精）：预防按 60~70 毫克/千克混饲连用 3~5 天。

⑥ 地克珠利：预防按 1 毫克/千克混饲连用 3~5 天。

⑦ 马杜拉霉素（抗球王、杜球、加福）：预防按 5~6 毫克/千克浓度混饲连用 3~5 天。

⑧ 尼卡巴嗪：预防按 100~125 毫克/千克混饲，育雏期可连续给药 3~5 天。

2）常用治疗药物：

① 妥曲珠利溶液（奎文家禽研究所）：治疗用药，500 千克体重/瓶饮水，1 次/日，连用 2-3 日。

② 磺胺类药：对治疗已发生感染的鸡群优于其他药物，故常用于球虫病的治疗。常用的磺胺药如下（注意：出口商品肉鸡禁止使用磺胺药）：

a. 复方磺胺-5-甲氧嘧啶（SMD-TMP），按 0.03% 拌料，连用 5~7 天。

b. 磺胺喹噁啉（SQ），预防按 150~250 毫克/千克混饲或按 50~100 毫克/千克饮水，治疗按 500~1000 毫克/千克混饲或 250~500 毫克/千克饮水，连用 3 天，停药 2 天，再用 3 天。16 周龄以上山鸡限用。与氨丙啉合用有增效作用。

c. 磺胺间二甲氧嘧啶（SDM），预防按 125~250 毫克/千克混饲，16 周龄以下山鸡可连续使用；治疗按 1000~2000 毫克/千克混饲或按 500～600 毫克/千克饮水，连用 5～6 天，或者连用 3 天，停药 2 天，再用 3 天。

d. 磺胺间六甲氧嘧啶（SMM，DS-36，制菌磺），预防按 100～200 毫克/千克混饲；治疗按 100～2000 毫克/千克混饲或 600～1200 毫克/千克饮水，连用 4～7 天。与乙胺嘧啶合用有增效作用。

e. 磺胺二甲基嘧啶（SM2），预防按 2500 毫克/千克混饲或按 500～1000 毫克/千克饮水，治疗以 4000～5000 毫克/千克混饲或 1000～2000 毫克/千克饮水，连用 3 天，停药 2 天，再用 3 天。16 周龄以上山鸡限用。

f. 磺胺氯吡嗪（Esb3），以 600～1000 毫克/千克混饲或 300～400 毫克/千克饮水，连用 3 天。

八 传染性支气管炎

鸡传染性支气管炎是由传染性支气管炎病毒引起的鸡的一种急性高度接触性呼吸道传染病。其临诊特征是呼吸困难、发出啰音、咳嗽、张口呼吸、打喷嚏。如果病原不是肾病变型毒株或不发生并发症，死亡率一般很低。产蛋鸡感染通常导致产蛋量降低，蛋的品质下降。本病广泛流行于世界各地，是养鸡业的重要疫病。

【病原学】 传染性支气管炎病毒属于尼多病毒目冠状病毒科冠状病毒属冠状病毒Ⅲ群的成员。本病毒对环境抵抗力不强，对普通消毒药过敏，对低温有一定的抵抗力。传染性支气管炎病毒具有很强的变异性，目前世界上已分离出 30 多个血清型。在这些毒株中多数能使气管产生特异性病变，但也有些毒株能引起肾脏病变和生殖道病变。

本病主要通过空气传播，也可以通过饲料、饮水、垫料等传播。饲养密度过大、过热、过冷、通风不良等可诱发本病。1 日龄雏鸡感染时可使输卵管发生永久性的损伤，使其不能达到应有的产量。

【流行病学】　本病感染鸡，无明显的品种差异。各种日龄的鸡都易感，但 5 周龄内的鸡症状较明显，死亡率可达 15% ~ 19%。发病季节多见于秋末至次年春末，但以冬季最为严重。环境因素主要是冷、热、拥挤、通风不良，特别是强烈的应激作用，如疫苗接种、转群等可诱发本病发生。传播方式主要是通过空气传播。此外，人员、用具及饲料等也是传播媒介。本病传播迅速，常于 1 ~ 2 天波及全群。一般认为本病不能通过种蛋垂直传播。

【症状】　本病自然感染的潜伏期为 36 小时或更长一些。本病的发病率高，雏鸡的死亡率可达 25% 以上，但 6 周龄以上的死亡率一般不高，病程一般多为 1 ~ 2 周，雏鸡、产蛋鸡、肾病变型的症状不尽相同，现分述如下：

1）雏鸡：无前驱症状，全群几乎同时突然发病。最初表现呼吸道症状，流鼻涕、流泪、鼻肿胀、咳嗽、打喷嚏、伸颈张口喘气。夜间听到明显嘶哑的叫声。随着病情发展，症状加重，缩头闭目、垂翅挤堆、食欲不振、饮欲增加，如治疗不及时，有个别死亡现象。

2）产蛋鸡：表现轻微的呼吸困难、咳嗽、气管啰音，有呼噜声。精神不振、减食、拉黄色稀粪，症状并不严重，有极少数死亡。发病第 2 天产蛋量开始下降，1 ~ 2 周下降到最低点，有时产蛋率可降到一半，并产软蛋和畸形蛋，蛋清变稀，蛋清与蛋黄分离，种蛋的孵化率也降低。产蛋量回升情况与鸡的日龄有关，产蛋高峰的成年母鸡，如果饲养管理较好，经两个月基本可恢复到原来水平，但老龄母鸡发生此病，产蛋量大幅下降，很难恢复到原来的水平，可考虑及早淘汰。

3）肾病变型：多发于 20 ~ 50 日龄的幼鸡。在感染肾病变型的传染性支气管炎毒株时，由于肾脏功能的损害，病鸡除有呼吸道症状外，还可引起肾炎和肠炎。肾型支气管炎的症状呈二相性：第一阶段有几天呼吸道症状，随后又有几天症状消失的"康复"阶段；第二阶段就开始排水样白色或绿色粪便，并含有大量尿酸盐。病鸡失水，表现虚弱嗜睡，鸡冠褪色或呈紫蓝色。肾病变型传染性支气管炎病程一般比呼吸器官型稍长（12～20天），死亡率也高（20%～30%）。

【病理变化】 本病主要的病变在呼吸道（见彩图26）。在鼻腔、气管、支气管内，可见有浅黄色半透明的浆液性、黏液性渗出物，病程稍长的变为干酪样物质并形成栓子。气囊可能混浊或含有干酪性渗出物。产蛋母鸡卵泡充血、出血或变形；输卵管短粗、肥厚，局部充血、坏死。雏鸡感染本病则输卵管损害是永久性的，长大后一般不能产蛋。肾病变型支气管炎除呼吸器官病变外，可见肾脏肿大、苍白，肾小管内尿酸盐沉积而扩张，肾脏呈花斑状，输尿管尿酸盐沉积而变粗。心脏、肝脏表面也有沉积的尿酸盐，似一层白霜。有时可见法氏囊有炎症和出血症状。

【预防措施】 本病预防应考虑减少诱发因素，提高鸡只的免疫力。清洗和消毒鸡舍后，引进无传染性支气管炎病疫情鸡场的鸡苗，搞好雏鸡饲养管理，鸡舍注意通风换气，防止过于拥挤，注意保温，适当补充雏鸡日粮中的维生素和矿物质，制定合理的免疫程序。

疫苗接种是目前预防传染性支气管炎的一项主要措施。目前用于预防传染性支气管炎的疫苗种类很多，可分为灭活苗和弱毒苗两类。

1）灭活苗：采用本地分离的病毒株制备灭活苗是一种很有效的方法，但由于生产条件的限制，因此，目前未被广泛应用。

2）弱毒苗：单价弱毒苗目前应用较为广泛的是引进荷兰的H120、H52株。H120对14日龄雏鸡安全有效，免疫3周，保护率达90%；H52对14日龄以下的鸡会引起严重反应，不宜使用，但对90～120日龄的鸡却安全，故目前常用的程序为H120于10日龄、H52于30～45日龄接种。

新城疫、传染性支气管炎的二联苗由于存在着传染性支气管炎病毒在鸡体内对新城疫病毒有干扰的问题，所以在理论上和实

践上对此种疫苗的使用价值一直存有争议，但由于使用较方便，并节省资金，故应用者也较多。

以上各疫苗的接种方法、剂量及注意事项，应按说明书严格进行操作。

【治疗方法】 对传染性支气管炎目前尚无有效的治疗方法，人们常用中西医结合的对症疗法。由于实际生产中鸡群常并发细菌性疾病，故采用一些抗菌药物有时显得有效。对患肾病变型传染性支气管炎的病鸡，采用口服补液盐、0.5% 碳酸氢钠、维生素 C 等药物投喂能起到一定的效果。发病时，可用以下药物：

1）龙达三肽，每套可注射 1000 只成禽，2000 只初禽，一般注射一次即可。饮水每套可用于 500 只成禽、1000 只初禽，集中 3~4 小时饮完，一般饮水一次即可，病情严重者饮水两天，一天一次。并用抗菌药物防止继发感染。饲养管理用具及鸡舍要进行消毒。病愈鸡不可与易感鸡混群饲养。

2）咳喘康，开水煎汁半小时后，加入冷开水 20~25 千克饮水，连服 5~7 天。同时，每 25 千克饲料或 50 千克水中再加入盐酸吗啉胍原粉 50 克，效果更佳。

3）每克多西环素原粉加水 10~20 千克任其自饮，连服 3~5 天。

4）每千克饲料拌入吗啉胍 1.5 克、板蓝根冲剂 30 克，任雏鸡自由采食，少数病重鸡单独饲养，并辅以少量雪梨糖浆，连服 3~5 天，可收到良好效果。

5）咳喘敏、阿奇喘定等也有特效。

九 组织滴虫病

组织滴虫病又名盲肠肝炎或黑头病，是鸡和火鸡的一种原虫病，由火鸡组织滴虫寄生于盲肠和肝脏引起，以肝的坏死和盲肠溃疡为特征，也发生于山鸡、孔雀和鹌鹑等鸟类，多发于雏鸡和雏火鸡，成年鸡也能感染，但病情较轻。

【病原学】 组织滴虫为多样性虫体，大小不一。非阿米巴阶段的火鸡组织滴虫近似球形，直径为 3 ~ 16 微米。阿米巴阶段虫体是高度多样性的，常伸出一个或数个伪足，有一个简单、粗壮的鞭毛；有一个大的小楯和一根完全包在体内的轴刺；副基体呈 V 形，位于核的前方；细胞核呈球形、椭圆形或卵圆形，平均大小为 2.2 厘米 × 1.7 厘米。

【流行病学】 许多鹑鸡类都是火鸡组织滴虫的宿主。火鸡、鹧鸪和翎鸽、松鸡均可严重感染组织滴虫病，并发生死亡；鸡、孔雀、珍珠鸡、北美鹑和山鸡也可被感染，但很少出现症状。曾发现不同品种的鸡易感性也有所不同。在鸡和火鸡，易感性都随年龄而有变化，最大的易感性发生于鸡 4 ~ 6 周龄及火鸡 3 ~ 12 周龄。

宿主对感染因素的反应是不同的，它受易感性和感染方法及感染量的影响。死亡率常在感染后大约第 17 天达到高峰，然后在第 4 周周末下降。有报道，火鸡饲养在受鸡污染的地区时，曾有 89% 的发病率和 70% 的死亡率。易感火鸡的人工感染的死亡率可达 90%。虽然鸡的组织滴虫病的死亡率一般较低，但也有死亡率超过 30% 的报道。在我国关于鸡组织滴虫病呈零星散发，但却是各地普遍发生的、常见的原虫病。

【临床症状】 本病是由于组织滴虫钻入盲肠壁繁殖后进入血液和寄生于肝脏所引起的。组织滴虫病的潜伏期为 7 ~ 12 天，最短为 5 天，最常发生在第 11 天。病鸡表现精神不振，食欲减少以至废绝，羽毛蓬松，翅膀下垂，闭眼，畏寒，下痢。排浅黄色或浅绿色粪便，严重者粪中带血，甚至排出大量血液。病的末期，有的病鸡因血液循环障碍，鸡冠发绀，因而有"黑头病"之称。病程通常为 1 ~ 3 周。病愈康复鸡的体内仍有组织滴虫，带虫者可长达数周或数月。成年鸡很少出现症状。

组织滴虫的主要病变发生在盲肠和肝脏，引起盲肠炎和肝炎，故有人称本病为盲肠肝炎（见彩图 27、彩图 28）。一般仅一侧盲肠发生病变，有时为两侧。在感染后的第 8 天，盲肠先出现病变，盲肠壁增厚和充血。从黏膜渗出的浆液性和出血性渗出物

充满盲肠腔，使肠壁扩张；渗出物常发生干酪化，形成干酪样的盲肠肠心。随后盲肠壁溃疡，有时发生穿孔，从而引起全身的腹膜炎。肝脏病变常出现在感染后的第 10 天，肝脏肿大，呈紫褐色，表面出现黄色或黄绿色的局限性圆形的、下陷的病灶，直径达 1 厘米，达豆粒大至指头大。下陷的病灶常围绕着一个成同心圆的边界，边缘稍隆起。对于成年火鸡和鸡，肝脏的坏死区可能融成片，形成大面积的病变区，而没有同心圆的边界。鸡的肝脏病变常常是稀少的或没有，盲肠的病变也没有火鸡那样广泛。

【防治措施】 由于组织滴虫是通过异刺线虫虫卵传播的，所以有效的预防在于减少或杀灭这些虫卵。阳光照射和排水良好的鸡场可减弱虫卵的活力，因而利用阳光照射和干燥可最大限度地杀灭异刺线虫虫卵。雏鸡应饲养在清洁而干燥的鸡舍内，与成年鸡分开饲养，以避免感染本病。另外，应对成年鸡进行定期驱虫。鸡与火鸡一定要分开进行饲养管理。对鸡的组织滴虫病可用药物进行防治。

✚ 葡萄球菌病

葡萄球菌病是侵害家禽、哺乳动物和人的一种急性或慢性细菌性疾病。其特征是腱鞘、关节和滑液囊局部化脓、创伤感染、败血症、脐炎和细菌性心内膜炎。鸡葡萄球菌病是由金黄色葡萄球菌引起的雏鸡传染病。表现为化脓性关节炎、皮炎，常呈急性败血症，治疗时应抗菌消炎。

鸡葡萄球菌病是由葡萄球菌所引起的一种传染病，一般认为金黄色葡萄球菌是主要的致病菌，本病有多种类型，给养鸡业造成较大损失。临诊表现为急性败血症状、关节炎、雏鸡脐炎、皮肤（包括翼尖）坏死和骨膜炎。雏鸡感染后多为急性败血病的症状和病理变化，中雏为急性或慢性症状，成年鸡多为慢性症状。雏鸡和中雏的死亡率较高，是养鸡业中危害严重的疾病之一。近20 年来，葡萄球菌已引起人们广泛的注意。一方面除了引起人的大量炎症之外，还能产生肠毒素污染食品，在一定条件下可发生食物中毒。另一方面，由于近代抗生素疗法的广泛应用，在食物（包括动物饲料）中加入抗生素，结果使原来只有兼性病原作用的葡萄球菌常在人和动物中引起疾病。因此，葡萄球菌现已是广泛分布于世界的病原菌之一，引起普遍的重视。

【病原学】　典型的葡萄球菌为圆形或卵圆形，直径为0.7～1微米，常单个、成对或呈葡萄状排列。在固体培养基上生长的细菌呈葡萄状，致病性菌株的菌体稍小，并且各个菌体的排列和大小较为整齐。本菌易被碱性染料着色，革兰氏染色呈阳性。衰老、死亡或被中性的细胞吞噬的菌体为革兰氏阴性。无鞭毛，无荚膜，不产生芽孢。葡萄球菌对营养要求不高，普通培养基上生长良好，培养基中含有血液、血清或葡萄糖时生长更好。最适生长温度为37℃，最适pH为7.4。在普通琼脂平皿上形成湿润、表面光滑、隆起的圆形菌落，直径为1～2微米。菌落依菌株的不同形成不同的颜色，初呈灰白色，继而为金黄色、白色或柠檬色。在室温（20℃）中产生的色素最好。血液琼脂平板上生长的菌落较大，有些菌株菌落周围还有明显的溶血环（β溶血），产生溶血菌落的菌株多为病原菌。在普通肉汤中生长迅速，初混浊，管底有少量沉淀。不同菌株的生化特性不同，多数菌株能分解乳糖、葡萄糖、麦芽糖和蔗糖，产酸不产气，致病菌株多能分解甘露醇，产酸，非致病菌则无此作用。葡萄球菌可还原硝酸盐，不产生靛基质。

葡萄球菌对理化因子的抵抗力较强。对干燥、热（50℃，30分钟）、9%氯化钠都有相当大的抵抗力。在干燥的脓汁或血液中可存活数月。反复冷冻30次仍能存活。70℃加热21小时或80℃加热30分钟才能杀死，煮沸可迅速使它死亡。一般消毒药中，以石炭酸的消毒效果较好，3%～5%石炭酸10～15分钟、70%乙醇数分钟、0.1%升汞液10～15分钟可杀死本菌。0.3%过氧乙酸有较好的消毒效果。葡萄球菌对青霉素、金霉素、红霉素、新霉素、氯霉素、卡那霉素和庆大霉素敏感。近年来，由于广泛或滥用抗生素，耐药菌株不断增多，因此，在临诊用药前最好经过药敏试验，选用最敏感药物。

【流行病学】 金黄色葡萄球菌可侵害各种禽，尤其是鸡和火鸡。任何年龄的鸡，甚至鸡胚都可感染。虽然4～6周龄的雏鸡极其敏感，但实际上发生在40～60日龄的中雏最多。金黄色葡萄球菌广泛分布在自然界的土壤、空气、水、饲料、物体表面及鸡的羽毛、皮肤、黏膜、肠道和粪便中。季节和山鸡的品种对本病的发生无明显影响，平养和笼养都有发生，但以笼养为多。本病的主要传染途径是皮肤和黏膜的创伤，但也可能通过直接接触和空气传播，雏鸡通过脐带感染也是常见的。

饲养管理上，鸡群过大、拥挤，通风不良，鸡舍空气污浊（氨气过浓），鸡舍卫生太差，饲料单一、缺乏维生素和矿物质及存在某些疾病等因素，均可促进葡萄球菌的发生和增大死亡率。从京昌、京清、东辛等鸡场病鸡诊断中了解到，发病均与上述不良因素的作用有关。更为不合理的是，有的将公鸡养于母鸡舍的一角，使公鸡不得安宁，发生啄伤、擦伤而引发本病。

【临床症状】 本病可以急性或慢性发作，这取决于侵入鸡体血液中的细菌数量、毒力和卫生状况。

1）急性败血型病鸡：出现全身症状，精神不振或沉郁，不爱跑动，常呆立一处或蹲伏，两翅下垂，缩颈，眼半闭呈嗜睡状。羽毛蓬松零乱，无光泽。病鸡饮欲、食欲减退或废绝。少部分病鸡下痢，排出灰白色或黄绿色稀粪。较为特征的症状是，捉住病鸡检查时，可见腹胸部，甚至波及嗉囊周围，大腿内侧皮下浮肿，潴留数量不等的血样渗出液体，外观呈紫色或紫褐色，有波动感，局部羽毛脱落，或者用手一摸即可脱掉。其中有的病鸡可见自然破溃，流出茶色或紫红色液体，与周围羽毛粘连，局部污秽，有部分病鸡在头颈、翅膀背侧及腹面、翅尖、尾、脸、背及腿等不同部位的皮肤上出现大小不等的出血、炎性坏死，局部干燥结痂，暗紫色，无毛；早期病例，局部皮下湿润，暗紫红色，溶血，糜烂。以上表现是葡萄球菌病常见的病型，多发生于中雏，病鸡在2～5天死亡，快者1～2天呈急性死亡。

2）关节炎型病鸡：可见到关节炎症状，多个关节炎性肿胀，特别以趾、跖关节肿大为多见，呈紫红或紫黑色，有的见破溃，并结成污黑色痂。有的出现趾瘤，脚底肿大；有的趾尖发生坏死，黑紫色，较干涩。发生关节炎的病鸡表现跛行，不喜站立和走动，多伏卧，一般仍有饮欲、食欲，多因采食困难而饥饱不匀，病鸡逐渐消瘦，最后衰弱死亡，尤其在大群饲养时最为明显。此型病程多为10余天。有的病鸡趾端坏疽，干脱。如果发病鸡群有鸡痘流行，部分病鸡还可见到鸡痘的病状。

3）脐带炎型病鸡：这是孵出不久的雏鸡发生脐炎的一种葡萄球菌病的病型，对雏鸡造成一定危害。由于某些原因，鸡胚及新出壳的雏鸡脐环闭合不全，葡萄球菌感染后，即可引起脐炎。病鸡除一般病状外，可见腹部膨大，脐孔发炎肿大，局部呈紫黑色，质稍硬，间有分泌物。饲养员常称为"大肚脐"。脐炎病鸡可在出壳后 2~5 天死亡。某些鸡场工作人员因鉴于本病多归死亡，见"大肚脐"雏鸡后立即摔死或烧掉，这是一个果断的做法。当然，其他细菌也可以引起雏鸡脐炎。

【病理变化】

1）急性败血型特征的肉眼变化是胸部的病变，可见死鸡胸部、前腹部羽毛稀少或脱毛，皮肤呈紫黑色浮肿，有的自然破溃则局部沾污。剪开皮肤可见整个胸、腹部皮下充血、溶血，呈弥漫性紫红色或黑红色，积有大量胶冻样粉红色或黄红色水肿液，水肿可延至两腿内侧、后腹部和嗉囊周围，但以胸部为多。同时，胸腹部甚至腿内侧见有散在出血斑点或条纹，特别是胸骨柄处肌肉弥散性出血斑或出血条纹为重，病程久者还可见轻度坏死。肝脏肿大，浅紫红色，有花纹或驳斑样变化，小叶明显。在病程稍长的病例上，肝脏上还可见数量不等的白色坏死点。脾脏也见肿大，紫红色，病程稍长者也有白色坏死点。腹腔脂肪、肌胃浆膜等处，有时可见紫红色水肿或出血。心包积液，呈黄红色半透明。心冠状沟脂肪及心外膜偶见出血。有的病例还见肠炎变化。法氏囊无明显变化。在发病过程中，也有少数病例无明显眼

观病变，但可分离出病原。

2）关节炎型可见关节炎和滑膜炎。某些关节肿大，滑膜增厚，充血或出血，关节囊内有或多或少的浆液，或者有浆性纤维素渗出物。对于病程较长的慢性病例，后变成干酪样性坏死，甚至关节周围结缔组织增生及畸形。幼雏以脐炎为主的病例，可见脐部肿大，紫红或紫黑色，有暗红色或黄红色液体，时间稍久则为脓样干涸坏死物。肝脏有出血点。卵黄吸收不良，呈黄红或黑灰色，液体状或内混絮状物。病鸡体表不同部位见皮炎、坏死，甚至坏疽变化。如有鸡痘同时发生，则有相应的病变。

【预防措施】　葡萄球菌病是一种环境性疾病，为预防本病的发生，主要是做好经常性的预防工作。

1）防止发生外伤创伤是预防发病的重要原因，因此，在鸡饲养过程中，尽量避免和消除使鸡发生外伤的诸多因素，如笼架结构要规范化，装备要配套、整齐，自己编造的笼网等要细致，防止铁丝等尖锐物品引起皮肤损伤，从而堵截葡萄球菌的侵入和感染门户。

2）做好皮肤外伤的消毒处理。在断喙、带翅号（或脚号）、剪趾及免疫刺种时，要做好消毒工作。除了发现外伤要及时处治外，还需要针对可能发生的原因采取预防办法，如避免刺种免疫引起感染，可改为气雾免疫法或饮水免疫；鸡痘刺种时做好消毒；进行上述工作前后，采用添加药物进行预防等。

3）适时接种鸡痘疫苗，预防鸡痘的发生。从实际观察中表明，鸡痘的发生常是鸡群发生葡萄球菌病的重要因素，因此，平时做好鸡痘免疫是十分重要的。

4）搞好鸡舍卫生及消毒工作。做好鸡舍、用具、环境的清洁卫生及消毒工作，这对减少环境中的含菌量，消除传染源，降低感染机会，防止本病的发生有十分重要的意义。

5）加强饲养管理。喂给鸡群必需的营养物质，特别要供给足够的维生素和矿物质；禽舍内要适时通风、保持干燥；鸡群不易过大，避免拥挤；有适当的光照；适时断喙；防止互啄现象。

这样，就可防止或减少啄伤的发生，并使鸡只有较强的体质和抗病力。

6）做好孵化过程的卫生及消毒工作 要注意种卵、孵化器及孵化全过程的清洁卫生及消毒工作，防止工作人员（特别是雌雄鉴别人员）感染葡萄球菌，引起雏鸡感染或发病，甚至散播疫病。

7）预防接种。发病较多的鸡场，为了控制本病的发生和蔓延，可用葡萄球菌多价苗给 20 日龄左右的雏鸡注射。

【治疗方法】 一旦鸡群发病，要立即全群给药治疗。一般可使用以下药物治疗：

1）庆大霉素：如果发病鸡数不多，可用硫酸庆大霉素针剂，按每只鸡每千克体重 3000～5000 单位肌内注射，每天 2 次，连用3 天。

2）卡那霉素：硫酸卡那霉素针剂，按每只鸡每千克体重1000～1500 单位肌内注射，每天 2 次，连用 3 天。

以上两种药治疗效果较好，但要抓鸡，费工费时，对鸡群也有惊动。如果用片剂内服，效果不好，因本品内服吸收较少，加之病鸡少吃料、少饮水，口服法很难达治疗目的。实际中有的鸡场常以口服给药。

3）氯霉素：可按 0.2% 的量混入饲料中喂服，连服 3 天。如用针剂，按每只鸡每千克体重 20～40 毫克计算，1 次肌内注射；或者配成 0.1% 水溶液，让鸡饮服，连用 3 天。

4）红霉素：按 0.01%～0.02% 的药量加入饲料中喂服，连续 3 天。

5）土霉素、四环素、金霉素：按 0.2% 的比例加入饲料中喂服，连用 3～5 天。

6）链霉素：成年鸡按每只鸡 10 万单位肌内注射，每天 2次，连用 3～5 天；或者按 0.1%～0.2% 饮水。

7）磺胺类药物：磺胺嘧啶、磺胺二甲基嘧啶按 0.5% 的比例加入饲料喂服，连用 3～5 天；或者用其钠盐，按 0.1%～0.2%

溶于水中，供饮用 2～3 天。磺胺-5-甲氧嘧啶或磺胺-6-甲氧嘧啶按 0.3%～0.5% 的药量拌料，喂服 3～5 天。0.1% 磺胺喹噁啉拌料喂服 3～5 天。或者用磺胺增效剂（TMP）与磺胺类药物按 1：5 混合，以 0.02% 混料喂服，连用 3～5 天。

8）黄芩、黄连、焦大黄、板蓝根、茜草、大蓟、建曲、甘草各等份，用法：混合粉碎，每只鸡口服 2 克，每天 1 次，连服 3 天。

第二节　一般疾病的诊治

一　啄癖

啄癖也称异食癖、恶食癖、互啄癖，是多种营养物质缺乏及其代谢障碍所致的非常复杂的味觉异常综合征，各日龄、各品种鸡均发生，但以雏鸡时期为最多，轻者啄伤翅膀、尾基，造成流血伤残，影响生长发育和外观；重者啄穿腹腔，拉出内脏，有的半截身体被吃光而致死，对养禽业造成很大的经济损失。现将鸡啄癖的种类、原因及防治措施简述如下。

【啄癖的种类】

1）啄羽癖：雏鸡、蛋鸡换羽期容易发生，多与含硫氨基酸、硫和 B 族维生素缺乏有关。

2）啄肉癖：各种年龄的鸡均可发生，先是互啄羽毛或啄脱落的羽毛，啄得皮肉暴露并出血后，发展为啄肉癖。

3）啄肛癖：各种年龄的鸡均可发生，见于高产笼养鸡群或开产鸡群，由于过大的蛋排出时努责时间长造成脱肛或撕裂，高产母鸡发病较多。由于肛门带有腥臭粪便，发生腹泻的雏鸡也常见。

4）啄蛋癖：产蛋旺季种鸡易发生，多因饲料缺钙或蛋白质含量不足，常伴有薄壳蛋或软壳蛋。

5）啄趾癖：幼鸡易发生，多见于脚部被外寄生虫侵袭而发生病变的鸡等。

6）异食癖：各种营养不良的鸡均易发生。

【啄癖的原因】 山鸡性情好动，易发生啄斗行为，有资料显示，啄癖的遗传力达 0.57%，通过育种可减少啄癖的发生。内分泌影响啄癖的发生，母山鸡比公山鸡发生率高，开产后 1 周内为多发期。早熟母山鸡比较神经质，也易产生啄癖。施用少量睾酮，可减少啄癖的发生。

1）日粮配合不当，日粮中蛋白质含量偏低，赖氨酸、甲硫氨酸、亮氨酸和色氨酸、胱氨酸中的一种或几种含量不足或过高，造成日粮中的氨基酸不平衡，粗纤维含量过低，均可导致啄癖发生。采食霉变饲料造成皮炎及瘫痪也可引起啄癖。

2）若通风不良，有害气体浓度高，光线太强或光线不适，温度和湿度不适宜，密度太大和互相拥挤等条件都可引起啄癖。

3）饲养密度过大，导致空气污浊，引起啄羽、啄肛、啄趾等，鸡群生长发育不整齐。采食和饮水位置不足和随意改变饲喂次数、推迟饲喂时间，也会导致啄斗。

4）温度与湿度不适宜、通风不畅易引起啄癖。

5）与散养鸡群相比，舍饲或笼养的鸡群，每天供料时间短而集中，使大部分时间处于休闲状态，促使啄癖行为的发生。

6）膝螨、鸡羽虱等外寄生虫，可使鸡自身啄食自己脚上的皮肤鳞片和痂皮，发生自啄出血而引起互啄。

7）球虫病、大肠杆菌病、白痢、消化不良等病症可引起啄羽、啄肛。患有慢性肠炎而造成营养吸收差会引起互啄。

8）笼养山鸡饲料供应充足，无须觅食，缺乏运动，尤其是心理压抑，如欲求愿望得不到满足、活动受限制、没有沙浴等，使山鸡处于一种单调无聊的状态，导致山鸡发生互啄，从而养成啄癖。

【防治措施】 合理搭配日粮，日粮中的氨基酸与维生素的比例为：甲硫氨酸大于 0.7%，色氨酸大于 0.2%，赖氨酸大于 1.0%，亮氨酸大于 1.4%，胱氨酸大于 0.35%；每公斤饲料中维生素 B_2 为 2.60 毫克，维生素 B_6 为 3.05 毫克，维生素 A 为 1200

国际单位，维生素 D 为 3110 国际单位等。如果因营养性因素诱发的啄癖，可暂时调整日粮组合，如育成鸡可适当降低能量饲料而提高蛋白质含量，增加点粗纤维。若在饲料中增加甲硫氨酸含量，也可使饲料中食盐含量增加到 0.5% ~0.7%，连续饲喂 3 ~5 天，但要保证给予充足的饮水。

1）若缺乏微量元素铜、铁、锌、锰、硒等，可用相应的硫酸铜、硫酸亚铁、硫酸锌、硫酸锰、亚硒酸钠等补充；常量元素钙、磷不足或不平衡时，可用骨粉、磷酸氢钙、贝壳或石粉进行补充和平衡。

2）缺乏盐时，可在饲料中加入适量的氯化钠。如果啄癖发生，则可用 1% 的氯化钠饮水 2 ~3 天，饲料中氯化钠用量达 3% 左右，而后迅速降为 0.5% 左右以治疗缺盐引起的恶癖。若日粮中鱼粉用量较高，可适当减少食盐的用量。

3）缺乏硫时，可连续 3 天内在饲料中加入 1% 硫酸钠予以治疗，见效后改为 0.1% 常规用量。而在蛋鸡日粮中加入 0.4% ~0.6% 硫酸钠就对治疗和预防啄癖有效。

4）定时饲喂日粮，最好用颗粒料代替粉状料，以免造成浪费，并且能有效防止因饥饿引起的啄癖。

5）断喙，在适当时间对山鸡进行断啄，如有必要可采用二次断喙法，同时饲料中添加维生素 C 和维生素 K 防止应激，这样可有效防止啄癖的发生。

6）定时驱虫，包括体内寄生虫和体外寄生虫的驱除，以免发生啄癖后难以治疗。

7）如果发生啄癖，立即将被啄的山鸡隔开饲养，伤口上涂抹一层机油、煤油等具有难闻气味的物质，防止此鸡再被啄，也防止该鸡群发生互啄。

8）改善饲养管理环境。使鸡舍通风良好；饲养密度适中；温度适宜，天气热时要降温；光线不能太强，最好将门窗玻璃和灯泡上涂上红色、蓝色或蓝绿色等。这些都可有效防止啄癖的发生。

9）在饲料中加入 1.5% ~2.0% 石膏粉，治疗发病原因不明的啄羽症。

10）为改变已形成的恶癖，可在笼内临时放入有颜色的乒乓球或在舍内系上芭蕉叶等物质，使鸡啄之无味或让其分散注意力，从而使山鸡逐渐改变已形成的恶癖。

二 维生素 A 缺乏症

山鸡维生素 A 缺乏症是由日粮中维生素 A 供给不足或消化吸收障碍所引起的，以夜盲，黏膜、皮肤上皮角质化、变质，生长停滞，眼干燥症为主要特征的一种营养代谢性疾病。维生素 A 是环状不饱和一元醇，对酸、碱和热稳定，但在空气中易被氧化。维生素 A 能维持鸡正常的视觉和黏膜上皮细胞的正常结构，调节有关营养物质的代谢，是促进山鸡生长发育、繁殖和孵化所必需的营养物质，因此应引起重视。维生素 A 大量存在于动物性饲料中，如鱼肝油、牛奶、卵黄、血液、肝脏和鱼粉等。一切植物性饲料中均无维生素 A，只有胡萝卜素，如青绿饲料、优质干草、甘薯、青贮料和胡萝卜等富含胡萝卜素，它在机体内胡萝卜素酶的作用下可转化成维生素 A，并储存于肝脏中供机体利用。因此，胡萝卜素称为维生素 A 原。

【病因】 饲料中维生素 A 的含量不足或鸡的需要量增加或饲料中维生素受到破坏均引起本病。山鸡本身有维生素 A 吸收、转化障碍。鸡舍冬季潮湿，阳光不足，空气不流通，鸡缺乏运动，矿物质饲料不足，都可促使本病发生。

【症状】 如果产蛋山鸡的饲料中维生素 A 不足，则产出的蛋孵的山鸡在 1 周龄时即可发病。若母山鸡饲料中维生素 A 充足，而初生雏鸡饲料中缺乏维生素 A，一般在 6 ~7 周龄时出现症状。成年山鸡发病日龄多在 2 个月以后至开产前后。

雏鸡缺乏维生素 A 时表现为精神不振，羽毛脏乱，生长发育不良，食欲减退，消瘦，行动迟缓，呆立，两脚无力，步态不稳，嘴、脚爪的黄色变浅。病情发展到一定程度时，鼻腔有分泌

物，初为水样，逐渐变为黏液脓性。眼睛流泪，初期为无色透明，后变为黏液状物，眼睑肿胀，眼内积聚有白色干酪样物，使上、下眼睑黏合而睁不开，眼球凹陷，角膜混浊成云雾状，严重时发生角膜穿孔，半失明或失明，有的病鸡后期可能出现运动失调、转圈、打滚等神经症状，最后因极度衰竭而死。眼部症状是病鸡的特征性症状。如果不及时加以治疗，死亡率可达90%以上。成年山鸡缺乏维生素A时，主要表现为产蛋率、种蛋孵化率和受精率下降，抗病力减弱，鸡冠、腿、爪颜色变浅，病情严重时出现腿部病变，与雏鸡的症状相似，鸡群的呼吸道和消化道黏膜的抵抗力降低，易诱发其他传染病。

【病理剖检】 剖检时候，可见到病鸡口腔、咽、食道或鼻腔黏膜上有散在的白色小结节，突出于黏膜表面，有时融合成片，成为灰白色伪膜覆盖在黏膜表面，气管黏膜附着一层白色鳞片状角质化上皮。内脏器官有白色尿酸盐沉积，肾脏、心脏和肝脏等器官表面常有白色尿酸盐覆盖，输尿管扩张1~2倍，胆囊肿胀，胆汁浓稠。雏鸡的尿酸盐沉积一般比成年鸡严重。

【诊断】 根据山鸡维生素A缺乏症的发病特点、临床症状及病理剖检等可做出初步诊断，但确诊要进行实验室化验。正常山鸡血浆中含维生素A 10微克以上，若在5微克以下，即可确诊。

【防治措施】 在预防上主要是根据不同的生理、阶段来配制不同的饲料，以保证山鸡的生理和生产需要；饲料不宜放置过久，如需保存应防止饲料酸败、发酵、产热和氧化，以免维生素A或胡萝卜素预先遭到破坏；配制日粮时，应考虑饲料中实际具有的维生素A活性，最好现配现用；及时治疗肝脏、胆及胃肠道疾病，以保证山鸡对维生素A的正常吸收、利用、合成和储藏。

山鸡发生维生素A缺乏症时，可在饲料中按5毫升/千克的剂量添加鱼肝油，连用2周，对急性病例的疗效较好，大多数病鸡可以很快恢复健康。成年病重山鸡每天口服1~2滴鱼肝油，连续7天。最好在饲料中添加抗生素，以防继发性感染。

三 维生素 D 缺乏症

维生素 D 的主要作用是促进肠黏膜对钙、磷的吸收，增加其在血液中的含量，增加肾小管对磷的再吸收。因此，维生素 D 是调节鸡体钙、磷代谢的重要因素之一。

【病因】　维生素 D 不足或缺乏，在一定程度上与日粮中钙、磷的含量有关。当日粮中维生素 D 含量不足或山鸡本身患有胃肠道消耗性疾病时，即可发生佝偻病（数周龄至数月龄鸡）或骨软症（成年山鸡）。

【症状】　雏鸡维生素 D 缺乏时，生长迟缓，发育不良，步态不稳，左右摇摆，常以跗关节蹲伏。产蛋鸡维生素 D 缺乏时，初期出现产薄壳蛋或软壳蛋，继而产蛋量明显下降，甚至停产，种蛋孵化率降低；严重时双腿软弱无力，呈现"企鹅型"蹲伏姿势；有时瘫痪不能行走，喙、爪和龙骨、胸骨变软弯曲。

【防治措施】　改善饲养管理条件，补充维生素 D；将病鸡置于光线充足、通风良好的鸡舍内；合理调配日粮，注意日粮中钙磷比例，喂给含有充足维生素 D 的混合饲料。雏鸡和青年山鸡每千克饲料中维生素 D 含量应不少于 200 国际单位；产蛋山鸡的饲料中应不少于 200~500 国际单位。

【治疗方法】　雏鸡佝偻病可一次性大剂量喂给维生素 D 1.5 万~2 万国际单位（仅喂 1 次），或者肌内注射维生素 D 31 万国际单位（仅注射 1 次）。过量维生素 D 可引起雏鸡中毒，因此一定要控制剂量。

四 脱肛

脱肛多发生于鸡群开产后的初产期和盛产期，并且多见于高产鸡。

【脱肛原因】

1）日粮中粗纤维含量过低、饲料的营养浓度过大、啄癖等均可引发脱肛。此外，如产蛋鸡摄入的粗纤维过多，也可导致鸡的消化不良、腹泻，进而发生脱肛。维生素 A 的缺乏、维生素 D

的缺乏、钙磷比例失调，也会造成脱肛。

2）过早地补充光照或无规律性地延长光照时间、增加光照强度，会造成母鸡过度兴奋、神经敏感、互相啄斗、性成熟过早、提早产蛋或打乱产蛋规律而引起难产脱肛。此外，在盛产期若光照不足也会使日粮中的钙不能充分被吸收利用，导致脱肛。

3）笼养鸡运动量不足，特别是在冬春两季，舍温较低，鸡易患腿病，不能站立，腹部下垂，引起腹内压增高而导致脱肛。产蛋鸡过胖也会导致脱肛。

4）大肠杆菌病、沙门氏菌病、慢性禽霍乱等腹泻性疾病可导致机体中气下陷，肛门失禁，可致脱肛。同时，病原微生物生长繁殖也会导致肠道、肛门、输卵管及泄殖腔并发炎症，诱发脱肛。长期饲喂霉变和腐败的饲料会导致消化道炎症，引起腹泻，导致脱肛。此外，腹腔肿瘤等也易引起母鸡脱肛。

5）雏鸡阶段未断喙或断喙不合理，雏鸡达产蛋日龄时会因自啄或互啄而引起脱肛。母鸡产蛋时受惊吓，或者有啄癖的鸡啄产蛋鸡外翻的肛门时均可造成脱肛。种鸡人工授精时，工作人员操作方法不当，如翻肛时用力过猛或操作时间过长，使翻出体外的泄殖腔不易复位，输精时器械造成泄殖腔或输卵管损伤出血等，都易引起脱肛。

【防治措施】

1）严格按照鸡的不同生长阶段的营养需要科学配制日粮，确保日粮中各种营养成分比例适当、合理。育成期应注意控制日粮中营养成分的含量和其中蛋白质的含量，使鸡保持中等体况，防止母鸡早产或超重。开产前，降低日粮中蛋白质的含量，增加能量水平，促进体成熟；开产后再适度提高蛋白质的含量，适当控制能量水平；在产蛋高峰时，应保证维生素 A、维生素 E、维生素 D 和钙、磷等矿物质的合理供给。

2）合理光照。育成鸡的光照控制在 9 小时以内，不宜超过11 小时；开产后逐渐延长到 14~16 小时，到淘汰前 4 周再逐渐增加到 17 小时，直至淘汰。光照应保持相对稳定，切忌忽长忽短、忽弱忽强，同时保证舍内不能留有光照死角。鸡群按大小、强弱分群，饲养密度以每平方米 5 ~ 6 只为宜。搞好环境卫生，鸡舍内外和饲喂工具应定期消毒，粪便及时清除，加强通风换气，供应充足的清洁饮水，适当增加运动，多晒太阳。

3）保持鸡舍安静、洁净、干燥、通风，严禁在鸡舍周围燃放烟花爆竹，防止鸡群受到惊吓。饲养员要相对固定，闲杂人员不得进入鸡舍。饲喂制度不得随意更改，更换饲料时应有一定的过渡期。堵塞鸡舍内的孔洞、门窗、通气孔等要用铁丝网封住，防止鼠、猫、犬、鸟等进入鸡舍。

4）平时注意观察鸡的精神状况及泄殖腔周围有无粪便污染，发现有腹泻症状，应及时查找原因，进行对症治疗。禁用霉败饲料喂鸡。雏鸡在 6 ~ 9 日龄时用电热断喙器或电烙铁断喙，上喙切除 1/2，下喙切除 1/3。30 日龄时再认真检查，酌情补断。在开产前或上笼时再修喙，保持上喙短、下喙长、圆滑无尖。

【治疗方法】 一旦发现脱肛鸡，应立即进行隔离，重症鸡大都愈后不良，没有治疗价值，所以宜及早做淘汰处理。对症状较轻的病鸡，可用 1% 高锰酸钾溶液或 3% 明矾水（38℃）将脱出部位洗净，随后热敷，并用手将脱出部位送入泄殖腔内，然后涂上紫药水，撒敷消炎粉或土霉素粉，以防继发感染。症状较重的病鸡，除采取上述方法外，还可酌情做烟包式缝合。缝合前，必须先取出留在泄殖腔中的蛋，缝合处留出排粪孔。治疗期间，需要实行限饲或停饲，使之停产并减少排粪，同时加强饲养管理，保持环境安静、干燥、温暖，供应充足、清洁的饮水。

五 食盐缺乏症

食盐又称氯化钠，它变遍存在于鸡体所有的体液、软组织和鸡蛋中。食盐有使鸡体组织保存一定量水分的作用，它还是形成胃液的原料，对脂肪和蛋白质的消化吸收有重要作用。它又能改善日粮的适口性，促进食欲，提高饲料利用率，是一种必要的营养物质。

【临床症状】 食盐缺乏，导致山鸡食欲不振、消化障碍、脂肪及蛋白质的合成降低；雏鸡生长发育迟缓或停滞，饲料利用率降低，出现啄癖。

【防治措施】 各种日龄和不同用途的山鸡对食盐的正常需要量为日粮的 0.37%～0.5%，大群养鸡在日粮中按此量加入食盐，即可满足鸡只正常生长发育的需要。加喂青绿饲料过多时，应适当增喂食盐。

六 中暑

温度是影响鸡生产性能的重要因素之一。据测定，成鸡最理想的环境温度为 18～24℃，在此温度范围内，鸡生长最快，饲料利用率也最高。过高的环境温度将会对鸡产生十分不利的影响。在炎热的夏季，当温度达到 32℃以上时，就会引起鸡生理及生产性能上一系列不良反应，此时，鸡极易出现中暑现象，轻则影响生长和产蛋，严重时可迅速导致中暑死亡。因此，夏季加强对鸡中暑的预防，以及发生中暑及时治疗是十分必要的。

【症状】 处于中暑状态的鸡主要表现为张口呼吸、四肢绵软，部分鸡发出呼噜声，采食量严重下降，部分鸡绝食，饮水量大幅度增加；精神萎靡，活动减少，部分鸡瘫痪；鸡冠发绀；体温高达 45℃以上，触诊高热灼手。下午 4 时至晚上 9 时是中暑鸡死亡的高峰时间。

【临床症状】 中暑的鸡只表现为心肌肥大，心冠脂肪有点状出血，心外膜及腹腔器官表面有稀薄的血液；肌肉发绀，肺因呼吸衰竭而颜色发深，充血，水肿；肝脏有针尖状出血；脑膜充血或出血。

【防治措施】

1）预防鸡中暑的关键措施是降温，同时要加强饲养管理。

2）开放式鸡舍可以在每天中午 11 时以后采用凉水喷雾，降低空间温度。严重高温时每 2～4 小时喷 1 次，一般可使舍内温度降低 4～7℃。封闭式鸡舍可采用风机湿帘系统降温。

3）使用暑期饲料添加剂，减缓高温的危害。例如，在鸡的日粮中添加生物素抗应激药物，或者在饮水中添加适量冰莲清爽、藿香正气液等，均可有效地防止或减轻高温对鸡的危害，提高鸡的生产性能。

4）强化饲养管理，增强鸡的调温功能。良好的饲养管理，如注意添加饲料的时间、饮用凉水、通风、安装遮阳设施等都可以增强鸡的体温调节能力，有效减轻或防止鸡中暑的发生。

5）应对发生中暑的鸡只及时进行治疗。发现鸡中暑后应立即将鸡移到阴凉通风处，并在鸡冠、翅翼部位扎针放血，以免休克死亡。

——第八章——

山鸡养殖场的设计与建设

第一节　场址的选择和鸡舍设计

饲养场地是山鸡养殖的基本条件之一。要合理的、科学地做好禽舍建筑和场地规划。首先，要满足饲养需要；其次，要利于防疫；第三，要有利于提高现场生产效率；最后，要尽量降低成本。

饲养场地的建立，要根据饲养场地的生产任务和饲养工作的性质来选择场址、进行场地设计和筹划；要因地制宜，根据需要选择自动化设备，以便于节省劳动力，提高生产效率。

一　场址的选择

饲养场地的选择，要根据生产需要、自然条件及社会条件来决定。生产需要包括饲养动物种类、习性、数量、饲养方向。山鸡生活习性有别于家鸡，胆小怕人，视觉和听觉灵敏于家鸡，易受惊吓而乱飞乱跳，因此，山鸡的饲养环境一定要保持安静，避免噪声干扰。饲养场地要远离住宅区，安静又卫生，而且交通方便；远离其他养殖场、工业区、居民点、集贸市场和屠宰加工场等易于传播疾病的地方，更要远离震动较大、粉尘严重的工矿区、电镀厂、农药厂和化工厂等污染严重的企业，以防孵化时震伤胚胎或使成鸡受到惊吓，以及中毒等严重事故的发生；要靠近饲料来源地及产品交售处，方便饲料的运输和产品销售。

自然条件包括地势、土壤和水源等方面。理想的地势要平坦或稍有坡度，地势相对较高，面南或东南，向阳背风；阳光充足，高燥且排水良好；通风良好，又不宜建在风口；昼夜温差不要太大。切忌建在低洼潮湿之处，病原微生物在潮湿的环境下易于生长繁殖，造成鸡群发病频繁，而且积水不易排除。地形力求平整，尽量少占或不占耕地。土壤要求未被污染过，土质最好是含石灰质和沙壤土的土质，这种土质便于透气，并且透水性良好，以便保持场地干燥。对建场来说，还要考虑到场地对建房基础的耐受力，避免因加固建房基础而增加基建成本。山区要避免在有断层、滑坡和塌方的地方建场。水源应充足洁净，最好附近有流动河水，大中型鸡场应有深井自备，以满足夏季最大耗水量为标杆。水质可靠，良好无污染，澄清无异味。建场前应对水质的酸碱度、硬度等进行化验，以保证生产安全。水污染和无机盐过量会使鸡的生产性能下降。使用自来水的鸡场，在气温较高的季节，可充足暴晒自来水；在气温较低的季节，最好可以做到煮沸凉冷后使用。社会条件主要考虑到要有充足的电源，满足消防、防疫等相关规定，尤其不要在旧鸡场上建场或扩建。最好附近有大片土地，以便处理粪便。

二 建筑物的种类

根据不同的用途，可将养殖场建筑分为以下几类：

1. 生产用房

生产用房主要包括孵化室、育雏舍、中雏舍、大雏舍、生产禽舍。

(1) 孵化室 孵化室的设计和布局是否合理，是影响孵化率和雏禽健康的重要条件之一。孵化室应与外界隔绝，水电资源充足，配有良好的通风设备，保持空气新鲜，室内小气候稳定。设计时要配合孵化设施的安装，以防出现由于设施过大而无法装入孵化室的情况。四周墙壁应便于清洗和消毒。孵化室要严格遵从消毒规定，进入孵化室的工作人员和一切物件都需要依照消毒规定进行消毒，杜绝外来传染源的进入。孵化室内设种蛋检验室、储蛋室、洗涤室、孵化室、出雏室、雏鸡存放室、雌雄鉴别室及杂物间等。

种蛋检验室面积要足够宽敞，以便存放蛋盘，并且要足够蛋架车的运转，室温要保持在 18 ~ 20℃。

储蛋室的室温要保持在 13 ~ 15℃，条件允许的话可以装配制冷设备。

洗涤室设在孵化室和出雏室内，蛋盘和出雏盘洗涤处要分开，以防止微生物互相传染。

孵化室除了安置一定数量的孵化器外，还要有便于活动的工作区域，门要方便蛋架的进出，以便入孵种蛋时的预热。卫生条件要保持良好，室温保持在 22 ~ 24℃。

出雏室要满足容纳小雏的需求，要保持好卫生条件，要有足够的区域以方便鸡雏的出入，卫生条件保持良好，温度略高于孵化室。

雏鸡存放室的温度要保持在 29 ~ 31℃。雏鸡存放室要经常打扫，定期消毒，以保持鸡雏的健康。

雌雄鉴别室的温度要保持在 29 ~ 31℃，要有足够的操作空间。保持卫生，定期消毒。

杂物间用来存放用具，注意蛋盘和出雏筐及备用的鸡笼要分开放置，以防微生物互相传染。

另外，在进蛋和发送雏的进出口处，要有单独的通道，以便装卸种蛋和发送雏不受外界环境的影响。

（2）育雏舍 山鸡育雏舍是繁育雏鸡的专用鸡舍，是雏鸡昼夜生活的小环境，人工育雏需要保持相对稳定的温度，所以，育雏舍的建筑是否合理，直接影响着雏鸡的生长和发育。雏鸡的体温调节能力差，所以，育雏舍建筑必须有利于保温。建筑育雏舍时应注意房舍高度要低于正常鸡舍，墙壁保温要好，地面干燥，屋顶设顶棚。此外，要注意合理通风，做到既保证空气新鲜，又不影响舍温，若为立体笼育雏，其最上层笼与顶棚间的距离应为1.5米左右。

育雏舍有开放式和密闭式两种，可根据气候条件及资金状况等选择。对于实行全年育雏的大型鸡场，可以选用密闭式育雏舍，密闭式育雏舍四周隔热良好，无窗（设有应急窗），舍内实行人工通风和灯光照明，通过调节通风量在一定程度上控制舍温及舍内湿度，使之尽可能地适应小雏的生长需要，这种育雏舍造价较高。对于中小型鸡场，尤其是气候炎热的地区，可采用开放式育雏舍。这种鸡舍采用单坡或双坡单列式，跨度为 5~6 米，高度为 2 米左右，舍内采用水泥地面，鸡舍南面设小运动场，面积约为房舍面积的 1~2 倍，地面排水良好。

（3）中雏舍 根据山鸡中雏舍的生理特点，中雏舍要有足够的面积以保证生长发育的需要，使之具有良好的体质。中雏舍要保证冬暖夏凉、干燥透光、清洁卫生、换气良好。窗子总面积要大，一般要占到1/8以上，要求后窗略小，前窗低而大。门、窗网的网眼为2厘米×2厘米。雏舍外有运动场。运动场基部1米高处设有铁丝网，上部及顶部都可用尼龙网，网高同舍檐高，网眼为不超过4厘米×4厘米为宜，运动场为沙地或设置沙池。运动场的大小一般为雏舍面种的0.5倍，舍内采用水泥地面，并设有栖架。

（4）大雏舍 大雏舍又称成禽舍。由于育成大雏的时间多处于夏季，所以大雏舍要做好防暑降温的工作。考虑到山鸡的特性，运动场要相对宽阔，要有栖息用木杆，要有遮蔽物，以供山鸡追打时受气山鸡的躲藏，而且必须有遮阴设施；要有控温设施，通风良好，以保证大雏的生长发育，适时开产。

上述雏舍的面积和收容密度，应根据养殖场的规模及其他客观条件，有计划地合理安排，有效地合理利用资源以提高生产效率。根据现场的实际情况，我们可以参考以下几种方案：

1）四段制：按照幼雏、中雏、大雏、成禽4个不同日龄阶段划分，适用于规模较小、设备简易的养殖场。

2）三段制：按照幼雏、中大雏、成禽3个不同日龄阶段划分，将中雏和大雏作为一个育成阶段，减少一次转群。在规模较大的养殖场，多次转群不利于防疫，同时容易使山鸡受到伤害。

3）二段制：只有育雏舍和生产禽舍，幼雏发育成熟之后直接转入生产禽舍。

4）一段制：即"从生到死"制，整个生产过程中不进行转群。由幼雏到生产禽再到淘汰始终处于一栏（笼）内。

针对某些饲养场来说，一段制饲养工艺确实可行，提倡一段制的饲养场认为该方法提高了工效，便于防疫，节约饲料，降低饲养成本，可增加经济效益。也有研究证明，转移禽舍对禽的生长发育有很大的影响，并且容易发生疾病，特别是慢性呼吸道疾病。一段制饲养工艺得到很多饲养场的认可。笔者认为，选择不同的饲养工艺，要根据饲养场的实际情况决定，以提高生产效率和降低成本为目的。

（5）生产禽舍

1）产蛋禽舍：产蛋（商品蛋）禽舍的建筑方式有开放式、密闭式及综合式等几种，要根据不同生产条件予以选择。

较大规模的蛋用山鸡养殖场基本上采用的都是笼养，鸡笼设置主要有以下几种类型：叠层式、全阶梯式、半阶梯式、阶梯叠层复合式、单层平置式。各种类型的使用均应配合建筑模式，同时考虑饲养密度及通风、除粪等因素。

2）肉用鸡舍：肉用鸡舍的建筑类型分封闭式和开放式。封闭式鸡舍四周无窗，采用人工光照，机械通风，为耗能型鸡舍，小气候环境易控制、易管理。开放式鸡舍即有窗鸡舍，是利用外界自然资源的节能鸡舍，一般无须动力通风，充分采用人工照明，缺点是受外界影响大。

3）种鸡舍：种鸡舍的环境因素应能满足种山鸡的需要，发挥山鸡的生产效能。一般采用平养和笼养两种方式。平养种山鸡舍采用开放式和密闭式，可根据不同的饲养条件来选择；笼养种山鸡舍节约生产面积，而且能更准确和方便地开展育种工作。

2. 饲料加工及储藏用房

建筑的规模及面积应满足生产的需要，按当地饲料供应种类等进行设计。

3. 生活用房

生活用房一般修建在养殖场外的生活区内，包括宿舍、食堂等。

4. 行政用房

行政用房主要包括办公室、消毒间、技术室、实验室等。

三 布局

各种房舍和设施的分区规划要从便于防疫和组织生产出发。首先应考虑保护人的工作和生活环境，尽量使其不受饲料粉尘、粪便、气味等污染；其次要注意生产鸡群的防疫卫生，杜绝污染源对生产区的环境污染。总之，应以"人为先，污为后"的顺序考虑布局。分区布局一般为：生产、行政、生活、辅助生产、污粪处理等区域。

一般行政区和辅助生产区相连，有围墙隔开，而生活区最好自成一体。通常生活区距行政区和生产区在100米以上。污粪处理区应在主风向的下方，与生活区保持较大的距离，各区排列顺序按主导风向、地势高低及水流方向依次为生活区、行政区、辅助生产区、生产区和污粪处理区。若地势与风向不一致，则以风向为主；风与水，则以风为主。

第二节　常用设备及用具

山鸡饲养的常用设备及用具与家鸡差不多，主要包括以下4个方面。

1. 鸡笼

（1）鸡笼的组装　将单个鸡笼组装成为笼组具有多种形式，

应根据本鸡场的具体情况（鸡舍面积、饲养密度、机械化程度、管理情况、通风及光照情况）组装成不同的形式。全阶梯式鸡笼：组装时上下两层笼体完全错开，常见的为2~3层。其优点是：鸡粪直接落于粪沟或粪坑，笼底不需要设粪板，如为粪坑也可不设清粪系统；结构简单，停电或机械故障时可以人工操作；各层笼敞开面积大，通风与光照面大。缺点是：占地面积大，饲养密度低，为10~12只/米²，设备投资较多。目前，我国采用最多的是蛋鸡三层全阶梯式鸡笼和种鸡两层全阶梯人工授精笼。

1）半阶梯式鸡笼：上下两层笼体之间有1/4~1/2的部位重叠，下层重叠部分有挡粪板，按一定角度安装，粪便清入粪坑。因挡粪板的作用，通风效果比全阶梯式差。

2）层叠式鸡笼：鸡笼上下两层笼体完全重叠，常见的有3~4层，高的可达8层，饲养密度大大提高。其优点是：鸡舍面积利用率高，生产效率高。饲养密度三层为16~18只/米²；四层为18~20只/米²。缺点是：对鸡舍的建筑、通风设备、清粪设备要求较高。此外，不便于观察上层笼及下层笼的鸡群，给管理带来一定的困难。

3）单层平列式：组装时一行行笼子的顶网在同一水平面上，笼组之间不留车道，无明显的笼组之分。管理与喂料等一切操作都需要通过运行于笼顶的天车来完成。常不采用此种方法。

（2）育成鸡笼 一般采用2~3层重叠式或半阶梯式笼。

（3）产蛋鸡笼 产蛋鸡笼可分为深笼和浅笼，深笼的笼深为50厘米，浅笼则为30~35厘米。

（4）种鸡笼 种鸡笼有单层种鸡笼和两层个体人工授精鸡笼。单层种鸡笼自然交配时使用。单体笼常用于进行人工授精的鸡场，原种鸡场进行纯系个体产蛋记录时也采用。

2. 饮水设备

饮水设备包括水泵、水塔、过滤器、限制阀、饮水器及管道设施等（见彩图29），常用的饮水器类型有：

（1）长形水槽 长形水槽是许多老鸡场常用的一种饮水器，

一般用镀锌、铁皮或塑料制成。此种饮水器的优点是结构简单，成本低，便于饮水免疫。缺点是耗水量大，易受污染，刷洗工作量大。

（2）真空饮水器　真空饮水器由聚乙烯塑料筒和水盘组成，筒倒扣在盘上。水由壁上的小孔流入饮水盘，当水将小孔盖住时即停止流出，适用于雏鸡和平养鸡。优点是供水均衡，使用方便，但清洗工作量大，饮水量大时不宜使用。

（3）乳头式饮水器　乳头式饮水器为现代最理想的一种饮水器。它直接同水管相连，利用毛细管作用控制滴水，使阀杆底端经常保持挂着一滴水，饮水时水即流出，如此反复，既节约用水更有利于防疫，并且不需要经常清洗，经久耐用且不需要经常更换。缺点：每层鸡笼均需要设置减压水箱，不便进行饮水免疫，对材料和制造精度要求较高。

（4）杯式饮水器　饮水器呈杯状，与水管相连，此饮水器采用杠杆原理供水，杯中有水能使触板浮起，由于进水管水压的作用，平时阀帽关闭，当鸡吸触板时，通过联动杆即可顶开阀帽，水流入杯内，借助于水的浮力使触板恢复原位，水不再流出。缺点是水杯需要经常清洗，并且需要配备过滤器和水压调整装置。

（5）吊盘式饮水器　除少数零件外，其他部位用塑料制成，主要由上部的阀门机构和下部的吊盘组成。阀门通过弹簧自动调节并保持吊盘内的水位。一般都用绳索或钢丝悬吊在空中，根据鸡体高度调节饮水器高度，故适用于平养，一般可供 50 只鸡饮水用。优点为节约用水、清洗方便。

　3. 喂料设备

　　喂料设备包括储料塔、输料机、喂料机和饲槽 4 个部分（见彩图 30）。储料塔一般在鸡舍的一端或侧面，用 1.5 毫米厚的镀锌钢板冲压而成，其上部为圆柱形，下部为圆锥形，圆锥与水平面的夹角应大于 60°，以利于排料。喂料时，由输料机将饲料送到饲槽。

（1）链板式喂饲机　链板式喂饲机普遍应用于平养和各种笼

养成鸡舍。它由料箱、链环、长饲槽、驱动器、转角轮和饲料清洁器等组成，链环经过饲料箱时将饲料带至食槽各处。

（2）螺旋弹簧式喂料机　螺旋弹簧式喂料机广泛应用于平养成鸡舍。电动机通过减速器驱动输料圆管内的螺旋弹簧转动，料箱内的饲料被送进输料圆管，再从圆管中的各个落料口掉进圆形食槽。

（3）塞盘式喂饲机　塞盘式喂饲机是由一根直径为 5 ~ 6 毫米的钢丝和每隔 7 ~ 8 厘米一个的塞盘组成（塞盘是用钢板或塑料制成的），在经过料箱时将料带出。优点是饲料在封闭的管道内运送，一台喂饲机可同时为 2 ~ 3 栋鸡舍供料。缺点是当塞盘或钢索折断时，修复麻烦且安装时技术水平要求高。

（4）喂料槽　平养成鸡应用得较多，适用于干粉料、湿料和颗粒料的饲喂，根据鸡只大小而制成大、中、小长形食槽。

（5）喂料桶　喂料桶是现代养鸡业常用的喂料设备。由塑料制成的料桶，以及圆形料盘和连接调节机构组成。料桶与料盘之间由短链相接，留一定的空隙。

（6）斗式供料车和行车式供料车　斗式供料车和行车式供料车多用于多层鸡笼和叠层式笼养成鸡舍。

4. 清粪设备

（1）牵引式刮粪机　牵引式刮粪机一般由牵引机、刮粪板、框架、钢丝绳、转向滑轮、钢丝绳转动器等组成。一般在一侧都有储粪沟。它是靠绳索牵引刮粪板，将粪便集中，刮粪板在清粪时自动落下，返回时，刮粪板自动抬起。

（2）传送带清粪　传送带清粪常用于高密度叠层式上、下鸡笼间清粪，鸡的粪便可由底网空隙直接落于传送带上，可省去承粪板和粪沟。

第九章
山鸡养殖场经营管理

目前，许多山鸡养殖场管理粗放，缺乏科学管理意识，多是根据经验、习惯搞养殖，不管以前的行为是否科学，只要一次不出问题，就总结为经验，然后拿这样的经验再指导以后的生产。新时期的管理者，首先要解放思想，不断学习新知识、掌握新技术，重视细节管理，强化高效运行，提高鸡群生产性能，最终目的是提高养殖效益，实现长期可持续发展。

第一节　生产管理

一　制定并实施科学规范的山鸡饲养管理规程

1. 制定养殖场生产管理文件

山鸡养殖场生产管理文件应包括以下内容，并且在生产中确保得到有效的贯彻和实施：养殖场的简介；养殖场的经营方针和目标；管理组织机构图及其相关人员的责任和权限；养殖场内部质量控制程序；可追溯性保证；客户申诉、投诉的处理等。操作规程是企业养殖场进行生产的标准和依据，生产操作规程制定后，生产过程的各个环节都应严格按照操作规程来执行。山鸡养殖场操作规程包括以下内容：山鸡养殖操作规程（包括山鸡饲养

环境、饲料、健康管理、粪便管理等）；防止产品受到污染的规程；产品运输、加工储藏等各道工序的管理规程；设施、设备等的维修清扫规程。生产记录应包括山鸡生产的所有活动，包括养殖场基本情况、地理位置、品种、饲料、草场、水源、圈舍、健康管理、粪便管理、屠宰、运输、储藏、动物标识、追溯性文件等。

2. 科学规范的山鸡饲养管理

配备与饲养规模相适应的畜牧兽医技术人员，严格遵守饲料、饲料添加剂和兽药使用有关规定，生产过程实行信息化动态管理。合理的饲养管理规程有助于减少生产失误；配备合适的技术人员能够保证各项生产管理工作有效开展。合理使用饲料是保证鸡群良好生产性能的基础，合理配制饲料不仅能够预防营养代谢，还能够增强鸡群免疫力；合理使用添加剂对于提高鸡群抗病力是有效的；合理选择和使用药物对于一些细菌性疾病、寄生虫病的防治同样重要。不合理地使用药物不仅容易造成微生物耐药性的形成，也容易导致肉、蛋中的药物残留。光照方案限光、补光的最终目的都是让鸡群充分发挥其遗传潜力，光照强度、波长（即不同颜色的光）、光照时长、光照的连续性等都会影响山鸡的生长（如性腺发育）、生产（如产蛋）等。对于人工授精操作规程，除了要换有规程工作，也要注重实际培训效果，关注个人的操作技能、组员间的配合程度等。体重、体格、均匀度和蛋重要控制好，要时常关注鸡的体重、体格、体型的变化及饲料质量等，及时修正实际与目标的偏差。生产记录分析效益不仅来自市场，更来自于对数据分析后所做出的正确决策及行动，一切生产决策活动都应有相应的数据信息做支持。生产过程信息化动态管理是追溯生产中问题的重要依据。

3. 免疫保健管理

免疫保健程序要注重科学性、合理性，更要关注其有效性，应坚持"三因"（因时、因地、因鸡）制宜，以不变应万变的策略则容易付出沉重代价。鸡群抗体检测有助于管理者了解鸡群健康状况、疫苗免疫效果、疫苗质量、免疫人员的操作技能等。药敏试验也要结合药物的药代动力学，观察研究药物在鸡体内的吸收、分布、代谢和排泄规律，为科学养殖提供用药依据。若使用在肺组织中分布浓度较低的高敏药品治疗肺部感染疾病，其效果也是不理想的。此外，也要注意到不同的给药途径或方法也会影响药物的临床应用效果。

4. 科学的消毒管理

科学的消毒管理是控制疾病的重要措施；科学饲养鸡群胜于治疗，有效的消毒胜于治疗，合理的药物保健胜于治疗。应根据不同的生长、生产阶段及不同的季节和养殖环境条件，制定符合自身实际的消毒防疫管理制度。围绕早发现、早诊断、早治疗（处置）的"三早"原则制定相应的制度和措施。

5. 生物安全管理

良好的生物安全措施需要严格的执行制度来保障，再严格也不为过。不能把"三害"当小事，它们可是很多病原的携带和传播者，老鼠可是鸡场利润的直接侵夺者，要制定严格的灭鼠、灭蝇、灭蚊制度。同时也要制定病鸡、弱鸡、死鸡、残鸡的处理制度，乱扔和乱埋最终只怕是搬石头砸自己的脚，流入市场更是害人害己，高温处理才是最安全的方式。

6. 记录与分析

完善的生产记录，可全面反映养殖过程中财产增减情况、人员流动情况、饲料消耗情况、群体变化情况和生产中的死亡率、产蛋率、孵化率等。记录要力求做到简化、精确和完整，记录人要认真填写，不得拖延，不能随意虚构数据。对记录的资料要定期进行整理、归类、统计和分析。记录内容通常包括：

（1）财产记录　固定资产类，包括土地、建筑物和机器设备等；库存物资类，包括饲料、兽药、办公用品、产成品等；现金类，包括现金、存款、应付款和应收款等。

（2）劳动记录　记录工作人员每天的出勤情况、工时、工作类别及所完成的工作量、劳动报酬等。

（3）**饲料记录** 记录每天不同群体所消耗的饲料种类、数量和价格。

（4）**生产记录** 记录饲料用量、饲养日期、生长情况、生产情况、死亡数量、孵化情况等。

（5）**收支记录** 记录销售产品的时间、数量、价格、去向及各项支出情况。

（6）**疾病防治记录** 记录免疫程序、发病情况、诊断及治疗用药情况、防疫措施等。

（7）**其他记录** 除上述主要记录外，还包括生产事故记录、维修记录和会议记录等。

记录分析包括技术效果分析和经济效果分析。技术效果分析包括育雏成活率、育成率、产蛋率、平均蛋重、种蛋受精率及孵化率、料重比、料蛋比等；经济效果分析包括利润分析、成本分析、劳动生产率分析和资金分析等。

7. 生产计划的制订和实施

各环节工作正常开展是鸡场有效运营的基本保证，虽说计划没有变化快，但生产计划对于鸡场正常生产的重要性还是不言而喻的，工作的程序化、流程化也是各生产管理环节高效运作所必需的。

（1）**制订生产计划** 生产场可根据自身的经营方向、生产规模、年度生产任务，结合场内的实际情况制订各项生产计划。

1）总产与单产计划：总产计划是养殖场年度内争取实现的商品总量，如一年生产的商品山鸡总量、商品山鸡蛋总量、种蛋总量和幼雏总量等；单产计划是每只或每批山鸡的单位总量，如单只种山鸡年均产蛋量，以及商品山鸡的平均上市体重等。

2）物料申购计划：物料申购计划包括饲料、药物、疫苗及燃料（煤油、柴油等）、垫料、饲养用器具和工具等的申购计划。关注计划的及时性和物料是否按时到达，应有相应的申购制度、货品验收制度、不合格品处理程序等，正常生产离不开周全的计划。

3）鸡群周转计划：在多变难测的市场条件下，年度总产量一样，而具体时段产量不一样，其效益也不一样。育雏育成期只入不出，一切都只为养鸡百日用在一时，都希望在盛产期能遇上好行情。然而，鸡群投产前却需要较长的育雏育成时间准备，面对变幻难测的市场，好行情几乎是可遇不可求的，年初的决策也就注定了最后的结果，所以对于养殖效益的高低，市场并不是唯一的因素。换料计划、转群计划简单，但需要提前做好相关的工作安排，并注意做好降低鸡群应激反应的措施。同时，周密的计划也有利于充分发挥现有房舍、设备及人员的作用，保证全年生产的均衡稳定。

4）选种计划：好鸡都是养出来的，过高的淘汰率无形中增加了养殖生产成本。制订山鸡的选种计划包括两个方面：一是使选种群获得遗传进展；二是把这种进展扩大到生产饲养群。在父系的选择中，应从尽可能多的小公山鸡中进行个体选择。在母系中，应用选择指数可把母系的繁殖性能和个体生长与胴体的性能结合起来进行选择。

5）产品销售计划：销售计划应包括种蛋、幼雏、商品山鸡蛋及商品山鸡等全部产品。为保证各类产品销路的畅通，要在总结上一年度销售业绩的基础上做好充分的市场调查，并结合当年的实际情况，制度月、季、年的销售计划。在制订计划前要充分了解周边同行养殖业主的养殖规模及养殖状况，同时要掌握消费者的心理状态和消费需求，只有抓住市场的变化规律，合理安排生产计划及销售计划才能保证养殖效益的最大化。

（2）制订饲料供应计划 饲料是养殖企业得以顺利发展的物质保障，只有根据山鸡场的经营规模及日常需要量合理安排饲料供应，才能保证生产计划及生产目标的顺利落实。同时，合理的饲料供应计划也有助于资金的合理使用。饲料费用约占生产总成本的60%～70%，为进一步提高经济效益，也要制订节约饲料成本的措施。

1）保证饲料原料质量：饲料原料的质量直接关系到饲料的

转化效率和养殖的经济效益。对价格较贵的原料最好做到一批一批化验。要特别关注国家对饲料行业的监控报告，及时了解价格动态及出台的与饲料质量控制有关的法律法规。

2）优化饲料配方：优化饲料配方主要是利用相关软件、资料文献和有经验的养殖技术人员来筛选和确定最低用料量，并达到价格合理、营养水平完备的目的。

3）掌握饲料加工操作过程：在饲料加工过程中，要认真注意计量、粉碎和混合这3个环节。配方确定后，操作人员必须严格执行，不得随意改动，对使用量较少的添加剂一定要称量准确，为保证混合均匀，添加剂最好采用逐级混合的方式。另外对粉碎的粒度也要注意，粉碎过细影响消化和采食；粉碎过粗，易造成浪费。在实际操作过程中通过进一步强化管理水平，控制和降低原料损耗，减少粉尘，提高产出率，也可实现降低成本的目的。

4）加强饲养管理，减少饲料浪费：为减少浪费，饲喂时一次上料的数量不可过多，一般一次饲料的加入量不应超过料槽深度的1/3，这样山鸡采食时饲料溅出料槽的可能性就会减少。另外，留种山鸡要进行适当的限饲，以防身体过肥而影响产蛋。冬季是留种山鸡的过渡期，此时需要有足够的能量来抵御寒冬，对饲料中的蛋白质的要求并不十分严格，因此为降低饲料成本，这时期的饲料应主要以能量饲料为主。对生产性能下降或有伤病的山鸡及时进行淘汰，也可减少饲料支出。

5）适当补充青绿饲料：青绿饲料作为山鸡的补充饲料，可以有效地减少啄癖现象的发生。同时，通过补充青绿饲料可以解决饲料中维生素的不足，并减少山鸡对精饲料的采食量。

6）定期灭鼠，加强饲料保管：几乎所有的养殖场都存在着鼠害的威胁，老鼠不但会传播疾病，而且会糟蹋大量的饲料，甚至会对幼雏造成伤害，因此，最好定期灭鼠，并对窗户和通风口做好防范；购进的原料和加工好的饲料尽量不要放在室外，保存时底部要保持与地面20厘米左右的高度。采购饲料时，不要一次大量购进，这样可以减少储存时间，降低营养成分的损耗。自已加工饲料时一次不要加工太多，最多够一周用即可，以保证饲料的新鲜度，防止饲料发霉或被污染，提高饲料的利用效率。

二 生产计划的实施

为实现年初的生产计划，在制订计划初期要确定监管人员，在生产中应出计划的监督管理人员、技术人员、财务人员、生产人员和计划制订人一同对计划的实施情况及实施效果进行跟踪验证，并做好记录，以便为下一年度生产计划的制订提供科学的切实可行的数据。因此，为保证生产计划的实施，在技术上要保证种源的良种化、饲料的科学化、疾病防治的程序化及经营管理的专业化和配套化。

三 生产中的安全管理

安全第一，必须把安全作为第一管理要素，它包括人员安全、生产安全、产品安全等。

1. 人员安全

鸡场容易引起人身安全事故的主要因素有：电击（如冲洗鸡舍、带电操作机电设备）、煤气中毒、使用危险的化学物品（烧碱、甲醛等）、操作损伤等。人员安全措施必须考虑到万一，有了安全防范措施及制度则必须坚决执行到位，否则再多的制度都是一句空话。在实际生产中，很多鸡场都会采用380伏的高压冲洗机进行鸡舍冲洗，操作人员要穿防护雨衣、水鞋及带胶手套进行鸡舍冲洗。大型设备要定期检测并保证执行到位，安装漏电保护装置，确保漏电保护安全值符合实际情况。

2. 生产安全

很多种鸡场，其机械化、自动化程度都已经很高，采用自动水线、自动料线、自动集蛋、自动清粪、自动温控等，进入了所谓人养机器、机器养鸡、鸡养人的产业升级阶段。人对鸡群所实施的各种管理措施，大多是通过设备转嫁到鸡的身上，一旦设备出现故障而未能得到及时修复或没有后备应急方案，尤其是发电机或场区内供电主干线路故障，就极容易造成生产、经济的损失，甚至是灾难性的损失。所以，要保障生产的正常进行及设备设施的日常使用、检查、维护保养工作就显得尤为重要。机械设备的故障率高往往与操作不规范和使用不当有关，甚至因操作不当造成人身伤害事故，所以，设备安全使用的培训工作也不容忽视。重视设备的使用管理，建立健全设备的使用、维护、保养等制度，有利于保障设备的正常运行，降低鸡场运营成本和运营风险。详细的设备分类清单及维修、报废等数据报表有助于鸡场管理者了解设备的使用成本和设备故障率等，并可获得同类产品不同的性价比等信息，有助于管理者对产品质量的把握，为采购提供依据。

3. 产品安全

产品安全主要是质量安全，如药残问题。这需要科学的饲养、合理的免疫保健程序和良好的环境卫生来保障。山鸡进入育成期以后多采用地面平养，以青绿饲料为主，要确保青绿饲料的安全性，尤其是重金属含量，以防止山鸡肉或蛋中的重金属超标。生活区的垃圾应及时清理，保持清洁。养殖用具每天清洗1次，保持干净。外来人员不得随便进入养殖区。局部发生疫病时，养殖用的食料槽、饮水槽应专用，并进行消毒，做好发病食料槽、饮水槽的有效隔离。病鸡、死鸡当天焚烧或深埋，用过的药品外包装等统一放置并定期销毁。购进的鸡苗应经过检疫，以防病原传入。建立完整的药品购进记录，药品要通过质量验收，按照药品外包装标志要求堆放和采取措施。依照法律法规规定使用饲料、饲料添加剂和兽药等投入品，建立养殖档案和标识，从源头上提升畜产品质量安全水平。

4. 防火安全

培养和提高全员的防火意识对保障人身及财产安全极为重要。鸡场的各种建筑（鸡舍、宿舍、办公场所等）在设计时都应考虑到此问题，并配备灭火装置，还需要定期对灭火装置的有效性进行检查，避免关键时刻成了摆设品。同时还必须注重过程巡查的重要性，及时发现和排除火灾隐患，尤其应加强对重点防火区域的巡查。

5. 财产安全

应注意做好钱物的保管及计算机数据的备份保存，免得计算机被盗和损坏导致数据丢失，毕竟数据的价值有时是难以用金钱衡量的。

第二节　劳动管理

人是第一生产力，是鸡场效益的创造者。员工的工作责任感、专业能力、业务技能、组织观念、执行力等都直接影响到种鸡生产水平的发挥，甚至决定着鸡场的市场竞争力的高低。如何留人、用人、培养人，做到人尽其才、才尽其用是鸡场管理者必须着重考虑的事情。

1. 完善人员信息和组织架构

人员信息资料的完整性有利于管理者了解人员和组织架构及人员变动情况等，山鸡养殖场组织结构如图 9-1 所示，各养殖场可根据自身条件进行职位整合。

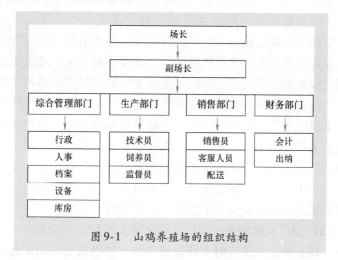

图 9-1　山鸡养殖场的组织结构

（1）综合管理部门　综合管理部门主要负责养殖场所有文件和制度的制定和实施，薪酬管理，以及物资采购、发放和维修。

（2）**生产部门**　生产部门主要负责山鸡养殖生产计划、养殖规划、日常管理和疾病防治等相关工作。

（3）**销售部门**　销售部门负责养殖场产品的销售和客户的维护。

（4）**财务部门**　财务部门负责养殖场所有资金的往来和成本核算。

2. 岗位制度

有岗就有责，必须做到责、权、利明晰，行动有依据，结果有标准。岗位制度是各种考核的前提和基础，让该岗位工作人员一看就能明白：该做什么，做到什么程度，为谁负责，向谁报告，担负什么样的责任，以及享有什么样的权利等。建立职位规范，明确每一个职位的名称、特征、任务、责任、权限、所需资格、工资待遇、考核办法、奖惩措施等，以求达到适才适位、职责分明、标准客观、同工同酬。

（1）**养殖场场长的职责**　场长负责养殖场的全面工作，是全场安全生产和产品质量的第一负责人。按照养殖程序和各项技术要求，对养殖场进行科学系统的管理，落实各项产量、质量指标，根据需要制定和完善生产管理制度，实现山鸡质量安全可追溯，并落实责任人。实现严格的卫生防疫管理制度，确保防疫工作到位和场地的环境卫生整洁。及时主动解决场内的各种矛盾纠纷，消除安全隐患，确保场地安全稳定。及时总结阶段工作的情况和下阶段生产养殖管理计划。负责落实场规场纪，协调各部门之间的关系，团结全场人员，圆满完成生产养殖任务。制定并实施养殖场内各岗位的考核管理目标和奖惩办法。负责场地生产设施、生产生活物品及办公用品的申报审核工作。根据场地的实际情况，提出用人需求及员工的各种福利待遇。

（2）**副厂长的职责**　副厂长协助场长抓好日常场地各项管理工作。场长外出或休假时主持全场工作。协助制定场内的管理制度并负责落实。负责场地养殖的各项指标的落实，严格执行现场监督检查、资料建档等管理工作。切实做好安全生产教育工作，保障场地工作的安全生产。负责组织开展山鸡养殖技术专项培训和管理层面的知识更新，提高业务和工作能力。积极协调配合其他管理人员分管的工作。

（3）**行政** 行政主要负责收发和起草公文、归档文件、管理印章和证照、组织会务和活动，外联、接待、公关制定规章制度、管理办法，以及负责产业发展政策、法律事务等行政工作。

（4）**人事** 人事主要负责人员招聘面试、薪酬管理、福利管理、社保、员工调动、考勤、培训、绩效惩罚等工作。

（5）**设备** 设备岗位人员负责公司设备的采购、维护及车辆调配等工作。

（6）**档案** 档案岗位人员负责公司会议纪要、公司文件与材料、各种合同、人事档案、生产记录资料的存档保管，文件与材料等外借回收登记等档案管理。

（7）**库房** 库房负责所有物资的进出库管理，以及生产工具的发放与回收、农业成品的库存管理等工作。

（8）**生产主管** 生产主管组织制定相关规章制度和作业程序标准，经批准后监督执行。组织实施生产计划：根据生产计划，组织制定各养殖区的生产作业计划。合理调配人员和设备，调整生产布局和生产负荷，提高生产效率。全面协调养殖区的工作。对饲养员的生产操作过程进行监督，进行生产质量控制，保证生产质量。参与产品质量问题的分析，制订并实施纠正和预防措施。落实各项生产安全的制定，开展经常性的安全检查，组织安全生产教育培训。统计分析养殖区每天的生产情况，寻求改善，提高生产效率，统计分析养殖的成本消耗，制订可操作性成本控制措施。

（9）**技术员** 技术员负责养殖场的生产技术管理工作，监督检查技术措施的落实。及时、准确地了解现场养殖信息，实时检查山鸡的生长和防疫情况。负责养殖饲料的配置（饲料种类、规格、新鲜程度、卫生情况等）和病害防控工作。实时检查养殖区的喂食、健康、卫生情况，发现问题及时向上级主管反映并解

决。负责制订场内人员培训计划并实时对饲养员进行养殖技术培训。做好养殖生长情况记录并存档。

（10）饲养员 饲养员必须严格遵守场内的各项规章制度，爱岗敬业，服从上级主管的调遣和技术员的养殖管理安排，是管理养殖区的第一负责人。认真学习养殖理论知识和基本养殖技术，不断提高养殖技能。根据养殖生产要求，按时清理养殖区，适量投放饲料。严格执行巡察制度，发现病鸡及其他异常，及时处理并向上级主管汇报。协助技术员做好卫生防疫和消毒等工作。做好各种生产养殖用工具的日常维护与保养工作，及时维修或保修各种生产工具和设施。及时做好生产日志的记录工作。

（11）监督员 监督员应遵守与检验检疫有关的法律和规定，诚实守信，切实履行职责。负责养殖场生产、卫生防疫、药物、饲料等管理制度的建立和实施。对养殖用药品、饲料的采购审核及技术员开具的处方单进行审核，符合要求方可签字发药。监管养殖场药物的使用，确保不使用禁用药，并严格遵守停药期。积极配合检验检疫人员和养殖场实施日常监管和抽样。如实填写各项记录，保证各项记录符合养殖场与其他管理机构和检验检疫机构的要求。监督员必须持证上岗。发现重要疫病和事项，及时报告养殖场场长和检验检疫部门。

（12）销售员 销售员负责与公司产品的销售模式、销售计划、产品推广等有关的销售工作。

（13）配送 配送员主要协助销售员做好客户订单处理，安排配送计划、控制采收数量、制定配送路线、安排配送车辆与配送人员，按时把产品配送到客户手中。

（14）客服人员 客服人员主要负责咨询、回访客户、受理客户投诉、产品召回更换等售后服务工作。

（15）会计 会计负责养殖场建设、生产、运营资金计划，经费计划、融资回款，成本核算及税务等工作。

（16）.出纳 出纳负责收付现金、借支、汇兑、托收、银行往来对账等工作。

3. 人员考勤

人员考勤是劳动分配方案不可或缺的，虽然简单，但必须做到准确、公平。工作人员应按规定的时间、地点到达工作岗位，按要求请休事假、病假、年休假、探亲假等。根据生产、工作岗位职责及规则，按质、按量完成工作任务。山鸡养殖场通常规模小，饲养员文化程度低，可根据实际情况制定相适应的考勤制度。例如，有些养殖场按饲养成活率或出雏率发放工资，这样对饲养员的考勤要求可相应降低，保证饲养过程严格遵守技术操作规程和安全卫生规程即可。

养殖场要建立健全劳动管理制度和措施，其中主要包括考核奖惩制度、培训制度、工资福利制度。

1）考核奖惩制度：考核内容为饲养指标、防疫安全指标、卫生防疫指标和销售目标。各养殖场结合自身情况制定总的考核指标，如生产部门指标为饲养成活率、出栏率、产蛋率等，销售部门指标为销售额、客户增长率等。根据各部门各岗位的职责编制人员考核表。

场长是养殖场安全生产的第一责任人，对养殖场内的安全生产负总责。生产主管是养殖区的安全生产第一责任人，对养殖区内的安全生产负责。各岗位按各自的安全职责，对自己所负的安全职责负直接责任。

养殖场实行逐级考核制度，场长负责对各部门主管进行考核，各部门主管负责对部门人员进行考核。养殖场根据自身条件和各部门要求制定考核办法，明确奖惩。考核结果可作为评优选先的依据。

每季度至少进行一次考核，对发现的问题进行分析并提出解决方案。考核记录存入档案，年底可作为个人业绩评价的依据。同时要填写人员业绩考核表，进行评分。考核标准可分为优秀、良好、合格和不合格。每一标准要对应奖罚标准，与工资或奖金挂钩。

2）培训制度：目前养殖业普遍存在招工难、劳动力紧张的

问题，年轻人不愿意干，年纪过大又干不好。身为管理者要充分意识到，在众多影响生产成绩的因素中，人是最重要的。要从长远考虑，招聘素质较高的饲养员，保证人员稳定。对新饲养员要进行必要的岗前培训才能上岗，并定期对工人进行专业知识和操作技能培训，不断提高劳动效率和生产水平。人员培训就应有效果，需要强调效果跟踪，注重实效性。

3）工资福利制度：不断改进养殖场人员计酬方法。饲养员的工资可采取计量工资，加指标奖罚及零工工资，年终有奖金或加发一个月的工资，节假日加发工资。对技术型人才，还要制订专门的工资方案，以吸引人才。鸡群每批次的生产成绩，由统计员列好清单发给员工，月终员工以此给自己计算工资，然后与统计员核算的工资表进行对照，看有无差错，工资计算透明度强，并且按时发放。

第三节　财务管理

一　建立财务管理制度

为确保财务管理工作顺利开展，必须明确养殖场领导人是养殖场财务管理的第一负责人，对本养殖场的会计基础工作负有领导责任，财会人员应对本养殖场的具体财务收支负责，确保会计信息的真实性和完整性。养殖场必须按规定设立总分类账、银行存款账、现金日记账，对本养殖场发生的每一笔财务收支业务进行登记，做到日清日结，账目分明。

二　完善财务报销流程

养殖场对当月发生的财务收支业务必须进行结账，并根据收支情况于次月 15 日前填写好财务收支报表、整理装订好原始凭证，一并上报养殖场负责人审核，经审核无误后办理报销手续。各项业务收入均应按规定缴入养殖场指定的账户，不得坐收坐支，支出按规定核拨。年终结算时，所得利润由养殖场统一安排使用，主要用于兴建和维护养殖场基础设施，以及职工的奖金和生活福利。每一笔日常业务支出均由养殖场负责人按规定审批。根据原始凭证审查制度，发生支出业务时，一般情况下经办人都应该索取正式发票，发票必须由经办人、证明人和审批人签名方可办理报销手续。

三 成本控制

单位产品成本（即山鸡苗成本）是决定山鸡养殖场经营效益最为关键的因素。如何把控成本，追求效益最大化，提高养殖鸡场生存能力及其发展潜力是养殖场管理者必须要考虑的问题。

（1）人工成本 一味地控制人工成本并不见得是明智之举，养殖行业尤其注重饲养员的责任心。控制人工成本不如想办法提高其工作效率，通过入职培训、技能培训等提高饲养员的饲养技术，增加养殖效率。

（2）物料成本 在工作过程中要强调不浪费，提倡节约，用料等成本要和人员的考核挂钩。对于水电成本，要关注各种不必要的浪费，节能降耗时考虑方向。对于设备保养维护及其更新，强调正确使用，设备要注重保养，减少维修概率。

————第十章————
山鸡产品的加工利用

第一节 屠宰

山鸡的平均屠宰率在90%以上，全净膛率在82%以上，山鸡产肉性能良好。山鸡肉的总蛋白质含量为20%~27%，脂肪含量为0.9%~1.5%，氨基酸含量为35克/100克，同时富含矿物质元素和脂肪酸。山鸡肉营养丰富、味道鲜美。

一 屠宰前的检查

屠宰前的山鸡要经过严格的检疫，做到病健分离，根据山鸡的生理特点和加工需要，要分群饲养。

（1）待宰山鸡的饲养 山鸡运到屠宰场后，要经兽医检验合格，再按批次、体重及强弱等情况分圈分群饲养。对肥育良好的山鸡所喂饲料量，以能恢复运输途中蒙受的损失为原则。对瘦弱山鸡的饲养，应采用直线肥育或强化肥育的饲养方式，以使山鸡在短期内迅速增重、长膘，改善肉质。

（2）供给充足饮水 宰前山鸡要断食，但不能断水，应供给充足饮水，让其自由饮水，以保证待宰山鸡正常的生理机能，调节体温，促进粪便排出，并使宰时放血完全，获得高品质的肉类。如果山鸡宰前出现消化不良，不能放任不管，应在饮水中添加适量的轻泻药，以助排泄，这对山鸡尤为重要，通常用2%的芒硝水来喂养山鸡，促使排粪。但值得注意的是，山鸡宰前2~4小时要断水，以防屠宰时胃肠道内积水太多，影响内脏的处理。

（3）**宰前休息**　山鸡运输时，因环境的改变和受到惊恐等外界刺激，易使山鸡过度紧张，引起疲劳，破坏或抑制正常的生理机能，致使血液循环加速，体温上升，肌肉组织内的毛细血管扩张充血，血液大量流向肌肉毛细血管内或渗入肌肉组织内。这样不仅在屠宰时造成放血不完全，并且因肌肉的运动，使肌肉中乳酸增加，宰后加速肉的腐败和影响皮的品质。因此，山鸡运到屠宰场后，需要休息1天以上，消除疲劳，以提高产品质量。

（4）**宰前断食**　屠宰前管理的一个重要环节是断食管理，即在屠宰前的一段时间内停止喂食，但要保证饮水充足。断食管理的主要目的是减少胃肠内容物，便于屠宰后的去胃肠操作，同时减少胃肠破裂的机会，减轻肉体的污染；促进肝糖原分解，使糖原含量得到补充或增加，从而有利于屠宰后肌肉的成熟；冲淡血液的浓度，便于放血。

断食管理时间的长短与饲料的性质、屠宰加工的方法及断食前一次的饲喂量有关。一般喂干粉料或浸泡不充分的粒料比喂软饲料或青绿饲料的断食时间要长些；加工不净膛或半净膛比加工全净膛的断食时间要长些；断食前嗉囊积食多的要比积食少的断食时间长些，这样经过12~14小时即可达到断食的目的。断食期间圈舍应保持整洁，地面应清除沙土、垫草及其他杂物，以防止山鸡因饥饿而啄食。

（5）**屠宰前的检查**　屠宰前的检查是指加工厂在屠宰前对活体进行的检疫，是屠宰加工过程中的一个重要环节。为了剔除有病个体，控制疫病扩散，减少死亡，提高产品的质量和企业的经济效益，除了在收购、运输和入厂等环节要进行严格检疫外，在屠宰前也要做好检疫工作。

屠宰前的检疫以抽检为主，辅以个体检查，必要时进行实验室检测。群体检测是在动态和静态条件下观察山鸡的精神状况、体表羽毛、粪便状况和食欲等，发现可疑个体要立即做个体检查。个体检查主要观察体表皮肤、口腔黏膜和泄殖腔黏膜的色泽和表面状况、分泌物状况、呼吸状况、神经症状、嗉囊积食情况及体温等，对疾病做出诊断，无法确定时要做病理解剖或微生物检验。经宰前检验合格的个体才准许屠宰。确认为患有传染病或疑似传染病的个体要立即送往急宰间或无害化处理场，按卫生检疫规程处理。

二 屠宰加工

从宰杀放血到加工成胴体白条，并得到其他副产品的过程即为屠宰加工。它是进一步深加工和产品开发利用的前期处理，也叫初步加工。

(1) 宰杀 宰杀要做到下刀部位准确，不瘀血，放血 6 ~ 8 分钟，死透后才入烫池，以免造成放血不良或活烫而使山鸡体发红。宰杀可分刀口宰杀和口腔刺杀两种方法。刀口宰杀是从颈下喉部割断三管（血管、气管、食管），要求从山鸡的下颚部下刀切割，刀口不宜过深、过大和外露。口腔刺杀是将野鸡头部向下斜并固定，拉开喙壳，将刀尖伸入口腔达第二颈椎（即颚裂的后方），切断颈静脉和桥状静脉的联合处，然后收刀通过颚裂用力将刀尖斜刺延脑，以破坏神经中枢，促其早死，减少挣扎，这样可使肌肉松弛，放血快而净，不易污染，羽毛易于脱落，有利拔毛。此法虽不见刀口，外观整齐，但是技术比较复杂，不易掌握，一旦放血不良会使颈部瘀血。

(2) 浸烫 山鸡的浸烫水温一般为 65 ~ 68℃。在这个范围内，日龄小的商品山鸡水温要低些。水温的掌握，简便的方法是把手先在冷水中浸一下，然后伸进热水中，感觉水烫而皮肤没有刺激即可。家庭宰杀时，将沸水和冷水按 3:2 掺和即可，也可将宰好的山鸡先用冷水淋湿，再在沸水中浸烫。浸烫时间一般为 30 ~ 60 秒。浸烫要在山鸡完全停止呼吸而体温又没有完全散失时进行。注意水温不能过高，浸烫时间不能过久，否则，烫得过熟，肌蛋白凝固，皮肤韧性变小，褪毛时容易破皮，并且脂肪溶解而从毛孔渗出，表皮呈暗灰色，带有油光，成为次品；如果水温过低，浸烫时间过短，烫得不透，造成"生烫"而拔毛困难，甚至连皮拔下，损坏山鸡胴体外观。将宰杀后的山鸡投于热水中，用木棒搅拌，30 秒后，试拔腹部羽毛和翅羽，如果容易脱落则拿到案板上脱羽。

（3）脱羽 宰杀后的山鸡经过浸烫即可脱羽，要求脱得快而干净。脱羽要根据羽毛的性质、特点和分布的位置依序进行：翅上羽片长而根深，首先要用手拔除；背毛因皮紧，拔时皮肤容易受损，可用手推脱；胸脯毛松软，弹性大，可用手抓除；尾羽硬而根深，并且尾部富含脂肪，容易滑动，要用手指拔除；颈部比较松软，容易破皮，要用手握住颈，略带转动，逆毛倒搓。脱毛完成后，必须除去山鸡的脚皮和喙壳，以保持山鸡体全身洁白干净。

（4）净膛 净膛前必须先去除粪污。用两掌托住山鸡体背部，使其腹部朝上，并以两指用力按捺其下腹部向下推挤，即可将粪污从肛门排出体外。接着去除瘀血和血污。一手握住山鸡头颈，另一手用力将其口腔、喉部或耳侧部的瘀血挤出，再抓住头在水中上下左右摆动以洗净血污，同时把山鸡的喙壳和舌衣拉出。净膛可采用腋下净膛和腹部净膛两种方法。腋下净膛，需要从左下肋窝处切开长约 3 厘米的切口，再顺翅割开一个月牙形的口，总长度为 6～7 厘米即可。腹下净膛，需要用刀尖或剪刀从肛门正中稍稍切开长度为 3 厘米的刀口，以便食指和中指可以伸入拉肠，也有切口长 5～6 厘米的，以便五指均能伸入，这要视加工需要而定。

1）全净膛，即扒出除肺、肾脏外的全部内脏。腋下开膛的山鸡都是全净膛，其操作程序：一般是先使山鸡体腹部朝上，右手控制山鸡体，左手压住小腹，并以小指、无名指、中指用力向上推挤，使内脏脱离尾部的油脂，便于取出内脏；随即左手控制

山鸡体，右手中指和食指从翼下刀口处伸入，先用食指插入胸膛，抠住心脏拉出，接着拉食管，同时将与肌胃周围相连的盘腱和薄膜划开，然后轻轻一拉，就能把内脏全部取出。腹下开膛的全净膛，一般是以右手的四个指头侧着伸入肛门处刀口，触到心脏，同时向上一转把周围的薄膜划开，再手掌向上，四指抓牢心脏，把内脏全部拉出。

2）半净膛，即从肛门的刀口处，只拉出肠和胆囊，其他内脏仍留在山鸡体内。操作时让山鸡体仰卧，用左手控制鸡体，以右手的食指和中脂从肛门刀口处伸入腹腔，夹住肠壁与胆囊连接处的下端，再向左弯转，抠牢肠管，将肠子连同胆囊一齐拉出。

3）满膛，即山鸡宰杀后，其内脏仍全部留在体内。开膛扒内脏时，如果拉断肠管或弄破胆囊，应继续清除出全部肠管并用水冲洗，不使肠内污物或胆汁留在腹内，污染山鸡体。此外，开膛后的山鸡腹腔内会有残留血污，应用水冲洗去除。

第二节 肉的加工制作

一 山鸡肉的保鲜

（1）**山鸡肉冷藏**　如果宰杀的山鸡很多，则应采用适宜的方法储藏保鲜，以便集中销售或加工。鸡肉保鲜的较好方法是冷藏。鸡肉短时保鲜，可放置于 −4 ~ 0℃ 的冷藏间内，将其挂在架子上，不可层层堆叠，保鲜期为 10 天左右。放在普通冰箱冷藏室内，可存放 4 ~ 5 天，低温冻结储藏，则保鲜期大大延长，如放入冰箱的冻结室，保存时间为 35 ~ 40 天，在 −12℃ 冷藏室内，可存放保存 6 ~ 7 个月，−14℃ 时可保存 1 年左右。

（2）**山鸡肉速冻冷藏**　山鸡肉长时间贮藏的较佳方法是速冻冷藏，冷藏温度越低，保存时间越长。此方法的操作要点是先将屠宰初加工后的胴体放入 0℃ 的冷藏间，冷却至肉温约 3℃，装盘后入速冻室 −30 ~ −28℃ 下速冻至山鸡体中心温度低于 −15℃，再加外包装后入冷库储藏，冷库温度为 −20℃ 时保质期为 18 个月，－30℃时保质期在 2 年以上。

（3）冷藏山鸡肉新鲜度的鉴别　冻山鸡肉也有新鲜与变质之分，从冷冻屠体上鉴别，新鲜优质的冻山鸡表皮为油黄色，眼球有光泽，肛门处不发黑；变质冻山鸡的皮肤呈灰白色，严重的皮肤呈青灰色、眼球发污、肛门处发黑。新鲜冻山鸡肉在解冻前，母鸡和较肥的鸡皮色为乳黄色，公鸡及较瘦的鸡皮色微红；解冻后，母鸡和较肥鸡能保持原来的色泽，公鸡、瘦鸡微红色减退，变为黄白色，切面干燥，肌肉微红，无异味。变质冻鸡肉外表呈灰白色，发黏，有不正常的气味；严重变质时，皮肤呈青灰色，黏滑，放血刀口处呈灰黑色，质松软，无弹性，有腐败气味。

二　山鸡肉的深加工产品

1. 红烧山鸡罐头

（1）原料的整理　屠宰加工后的白条山鸡，除去头、爪、翅尖和尾，沿脊柱中央把鸡体斩成两半，再按大腿、翅膀、颈部等分切成大块，用清水洗净。

（2）配料与调制　香料水的制作方法是把大茴香 20 克和桂皮 1.2 千克入锅，同时加入适量清水（20 千克以上）。加热煮沸 2 小时，然后舀出过滤成香料水。制成的香料水重量约为 20 千克。

（3）预煮　把整理好的鸡肉进行预煮。按 10 千克山鸡肉，加香料 2 千克、食盐 850 克、酱油 7 千克、砂糖 2.1 千克、黄酒 2 千克、味精 120 克、生姜 400 克、大葱 400 克和花椒粉 40 克。把配料和山鸡肉一同入锅，加入清水 20 千克左右。用旺火烧沸，改为微火焖煮。烧煮时间因山鸡龄不同而异，1 年左右的山鸡煮沸约 15 分钟，2 年左右的山鸡煮沸约 35 分钟，烧煮期间要上下翻锅数次，以利于调味均匀。预煮后鸡肉得率为 70%～75%。汤汁过滤后备用。所得汤汁重量应在 31 千克左右，若不足应以开水补足。

（4）切块　把预煮后的鸡肉再切成 4～5 厘米的方块，颈部切成约 4 厘米的小节。切好的腿肉、翅肉、颈肉分别放置,搭配装罐。按每 160 克山鸡肉,57 克汤汁,10 克熟鸡油的比例装罐。装罐后抽气密封,条件为真空压力 53320~66650 帕,热气排气,罐中心温度在 65℃ 以上。

2. 腊山鸡

将宰后的白条山鸡斩去脚爪、翅膀即成山鸡坯。按每 10 千克鸡坯,配以食盐 5 千克、白糖 1.5 千克、硝酸钠 35 克、酱油 1千克、白酒 1.5 千克和混合香料 10 克。通过拌匀后,擦抹在山鸡坯上,里外均沾。然后入缸腌制 32 小时,中间上下调位,翻缸 2次,使辅料腌透。腌后用麻绳系好,晾干水汽,送进烘房烘烤 16小时,待质地干硬时即为成品,用塑料袋包装即可上市出售。

3. 烤山鸡

(1) **原料的整理** 屠宰加工后的白条山鸡,割除鸡头,两腿从附关节处割去两脚爪,两翅按自然关节屈曲向背部反别。

(2) **腌制** 采用湿腌法,先配制腌制液,方法是将食盐 8.5千克、生姜 200 克、葱 150 克、大茴香 150 克、花椒 100 克和香菇 50 克放入锅中,加入清水 42 千克。加热煮沸 20 分钟,冷却至室温即可。每次可腌制 50 只左右。腌制时,将山鸡逐只放入腌制液中,上面要压住,使山鸡淹没在液面以下。时间为 40 分钟至 1 小时,腌制时间依据胴体大小、气温高低而定。

(3) **上料** 取十三香 50 克、味精 15 克和香油 100 克混匀,蘸取 6 克左右涂抹于山鸡体腔内壁,然后将生姜 2 片、小葱 2 根、香菇 2 片填入体腔内,用特制钢针(长 15 厘米左右)绞缝腹部开膛切口。

(4) **浸汤打糖** 将山鸡用挂钩从颈部提起,逐只浸入烧沸的糖水或蜂蜜水中,浸烫半分钟左右,取出晾干水分。

(5) **烤制** 一般烤鸡用烤箱即可。烤制时先将温度升至100℃,持挂钩将山鸡挂入箱内,温度升至 180℃ 时,恒温 15~20分钟,然后再升温至 240℃,视烤制情况再烤制 5~10 分钟,当体表呈柿黄色或枣红色时,立即出箱,放入干净盘中,拔出钢针。用刷子在表面再涂抹一层香油即为成品。

4. 八珍山鸡

(1) 原料的整理　屠宰加工后的白条山鸡，斩去脚爪和翅尖。体表用清水洗净，晾干水分备用。

(2) 打糖　将白糖或蜂蜜与水按1:（3～7）的比例混合，加热溶解后，均匀涂抹于体表。然后，将打糖后的山鸡挂起晾干表面水分。

(3) 油炸　炸鸡用油要选用植物油，不能用其他动物油。油量以能淹没鸡体为度，先将油加热至170～180℃。将打糖后晾干水分的山鸡放入油中炸制约半分钟，待鸡体表面呈柿黄色时立即捞出。

(4) 配料　100千克白条山鸡，肉桂90克，生姜90克，白芷90克，草果30克，陈皮25克，肉豆蔻1克，砂仁15克，丁香5克，食盐2～3千克，硝酸钠10克。

(5) 煮制　依据白条山鸡的重量按比例称取配料。香辛料必须用纱布包好放在锅下面。把油炸后的鸡逐层排入锅内，上面要压住，再把食盐、糖、酱油加入锅中。然后加入水，使鸡腌没于液面之下，先用旺火烧开，然后取山鸡重量万分之一的硝酸钠，用少量水溶解后洒入锅中，改用微火烧煮，保证锅中汤液微微起泡即可，切不可大沸。煮至鸡肉酥软熟透为止，煮好出锅即为成品。成品可用透明的塑料薄膜裹装，外皮用纸盒包装。

5. 清蒸山鸡罐头

(1) 配料　将冲洗干净后的山鸡胴体置入98℃以上沸水中10分钟。沸水中加入香料包一个：花椒20克、草果50克、桂皮50克、老姜100克，白酒2两（1两＝50克）于起锅时置入。50千克原料煮一次，头锅应将香料包提前置入30分钟，大葱100克左右。水淹山鸡7～10分钟去焯水，去焯水时间不得过长。

(2) 装罐　去焯水后将胴体冲洗净，晾干。根据客户的要求进行必要的处理。最好选用块片式装法，切片块要求：每片块长×宽为3厘米×4厘米，美观大方且均匀一致，装罐时要进行

必要的配搭，头、颈、身、足皆备。一般选用500克袋和1000克铁听。切块片后不宜进行冲洗，防止水分和杂质混入。

装罐量为净重的40%，加入食盐和胡椒粒。为突显清蒸山鸡独特的香气和滋味，不再加入其他香草辅料。汤汁的加入：选入优质井水或泉水经过滤沉淀后使用，加入罐内90%~95%，不得加入太满，以防假听或胖听产品产生。

第三节　蛋的加工制作

山鸡蛋内含有大量的磷脂质，其中约有一半是卵磷脂，另外还有脑磷脂和微量的神经鞘磷脂。这些磷脂质对促进脑组织和神经组织的发育有很好的作用。山鸡蛋中还含有大量的氨基酸，包括人体体内所不能合成的8种必需氨基酸。目前，山鸡蛋主要以食用鲜蛋为主，山鸡蛋制品还未得到开发利用。鲜蛋由于其蛋壳质量等多方面原因，不利于大批量储存、运输，影响了其工业化消费。将鲜蛋蛋壳去掉，进一步进行低温杀菌、加盐、加糖、蛋黄与蛋白分离、冷冻、浓缩等处理，从而形成一系列加工蛋制品，称为湿蛋制品。湿蛋制品主要包括液蛋、冰蛋和浓缩蛋制品三大类。

一　蛋粉的加工

蛋粉作为一种食品添加剂，广泛应用于婴幼儿食品、化妆品、医药领域、研制医药保健食品及卵磷脂软胶囊等。

1. 蛋粉的制作

蛋粉是由新鲜鸡蛋经清洗、磕蛋、分离、巴氏杀菌、喷雾干燥而制成的，产品包括全蛋粉、蛋黄粉、蛋白粉及高功能性蛋粉产品。

2. 蛋粉的特性

蛋粉不仅很好地保持了鸡蛋应有的营养成分，而且具有显著的功能性质。蛋粉的最大优点是便于大批量运输和储存。鲜蛋的运输和储存，占据空间大，易破碎，时间一长，还会发生变质。

将鲜蛋加工成蛋粉后，体积大大缩小，包装容易，不会破损，储存期也延长，可使运输和储存费用大幅度下降。一般在干燥通风的条件下，保鲜期可长达一年。实践证明，将一时难以销售出去的鲜蛋转化加工成蛋粉，可解决积压禽蛋的问题，值得提倡和发展。

3. 蛋粉的应用

将蛋白和蛋黄分开加工后，蛋白粉和蛋黄粉可适应不同人的不同需要。例如，蛋白粉是高蛋白、低热量的食品，特别适合中年人和老年人食用；蛋黄粉则一般适合青少年食用。在全蛋粉和蛋白粉、蛋黄粉中，加入一定比例的清洁水，可还原成蛋的混合液、蛋白液、蛋黄液，其色泽、口味等均和鲜蛋一样，既可以供人直接食用，又可用作糕点、冷饮等食品的原料，起调味、发酵等作用。蛋白粉具有良好的功能性质，它含有：凝胶性、乳化性、保水性、保脂肪性，鸡蛋白粉加入肉制品中可以提高产品质量，延长货架期，并强化产品营养，同样，面制品中加入适量的蛋白粉，可以提高面筋度，增加蛋白质的含量，使制品更富有弹性。

4. 功能性蛋粉

目前对蛋粉的功能性质的要求变得更为严格，如蛋粉性能、成分的含量甚至外观形状等。这使得过去单一的蛋粉已经无法满足顾客的多元化需求，因此对功能性蛋粉的研发已迫在眉睫，如凝胶型蛋粉、乳化型蛋粉、起泡型蛋粉、分散型蛋粉等。并且，专用型蛋粉产品作为食品配料可应用到不同食品中，如焙烤行业专用蛋粉、冰淇淋专用蛋粉、制革专用蛋粉、造纸专用蛋粉等。应重视专用型蛋粉生产技术开发和产业化应用。

二 冰蛋的加工

冰蛋是鲜鸡蛋去壳、预处理、冷冻后制成的蛋制品。冰蛋分为冰鸡全蛋、冰鸡蛋黄、冰鸡蛋白，以及巴氏消毒冰鸡全蛋，其加工原理、方法基本相同。

1. 工艺流程

蛋液→搅拌→过滤→预冷（巴氏杀菌）→装听→急冻→包装→

冷藏。

2. 工艺操作要点

（1）装听（桶）　杀菌后的蛋液冷却至 4℃ 以下即可装听。装听的目的是便于速冻与冷藏，一般优级品装入马口铁听内，一级、二级冰蛋品装入纸盒内。

（2）急冻　蛋液装听后，送入急冻间，并顺次排列在氨气排管上进行急冻。放置时听与听之间要留有一定的间隙，以利于冷气流通。冷冻间温度应保持在 -20℃ 以下。冷冻 36 小时后，将听（桶）倒置，使听内蛋液冻结实，以防止听身膨胀，并缩短急冻时间。急冻间温度为 -23℃ 以下，速冻时间不超过 72 小时。听内中心温度应降到 -18 ~ -15℃，方可取出进行包装。在日本采用 -30℃ 以下的冻结温度进行急冻，以更好地抑制微生物的繁殖。

（3）包装　急冻好的冰蛋品，应迅速进行包装。一般马口铁听用纸箱包装，盘状冰蛋脱盘后用蜡纸包装。

（4）冷藏　冰蛋品包装后送至冷库冷藏。冷库内的库温应保持在 -18℃，同时要求冷库内温度不能上下波动过大。

（5）冰蛋品的解冻　冰蛋品的解冻是冻结的逆过程。解冻的目的在于将冰蛋品的温度回升到所需要的温度，使其恢复到冻结前的良好流体状态，获得最大限度的可逆性。冰蛋品的解冻方法有以下几种：

① 常温解冻，将冰蛋放置在常温下进行解冻的方法。该法操作简单，但解冻较缓慢，解冻时间较长。

② 低温解冻，将冰蛋品从冷藏库移到低温库解冻的方法，国外常在 5℃ 以下的低温库中 48 小时或在 10℃ 以下 24 小时内解冻。

③ 水解冻，分为水浸式解冻、流水式解冻、喷淋式解冻、加碎冰式解冻等方法。对冰蛋白的解冻主要应用流水式解冻法，即将盛冰蛋品的容器置入 15 ~ 20℃ 的流水中，可以在短时间内解冻，而且可以防止微生物的污染。

④ 加温解冻，把冰蛋品移入室温保持在 30 ~ 50℃ 的保温库

中，可用风机连续送风使空气循环，在短时间内可以达到解冻目的。

⑤ 微波解冻能保持食品的色、香、味，而且微波解冻时间只是常规时间的 1/10。冰蛋品采用微波解冻不会发生蛋白质变性，可以保证产品的质量。但是，微波解冻法投资大，设备和技术水平要求较高。

上述几种解冻方法解冻所需要的时间，因冰蛋品的种类而有差异。加盐冰蛋和加糖冰蛋，由于其冰点下降，解冻较快。在一般冰蛋品中，冰蛋黄可在短时间内解冻，而冰蛋白则需要较长的解冻时间。在解冻过程中细菌的繁殖状况也因冰蛋品的种类与解冻方法的不同而异。例如，同一室温中解冻，细菌总数在蛋黄中比在蛋白中增加的速度快。同一种冰蛋品，室温解冻比流水解冻的细菌数高。

三　液蛋的加工

1. 工艺流程

根据加工时是否分离蛋白、蛋黄，将液蛋分为液全蛋、液蛋白和液蛋黄 3 类，工艺流程如下：原料蛋的选择→蛋壳的清洗、消毒→打蛋、去壳→过滤→预冷→杀菌→冷却→包装。

2. 工艺操作要点

(1) 原料蛋的选择　原料蛋必须新鲜，内部品质高，必须通过感观检查和照蛋器检查来挑选。

(2) 蛋壳的清洗、消毒　蛋壳上有大量微生物，是造成微生物污染的主要原因。为防止蛋壳上微生物进入液蛋内，需要在打蛋前将蛋壳洗净并杀菌。

洗蛋通常在洗蛋室中进行。槽内水温应较蛋温高 7℃ 以上，以避免洗蛋水被吸入蛋内；蛋温升高，在打蛋时蛋白与蛋黄容易分离，可减少蛋壳内的蛋白残留量，提高液蛋的出品率。

洗蛋用水中多加入洗洁剂或含有效氯的杀菌剂。在洗蛋过程中水必须不断溢流，并且在洗蛋当日结束时必须将水全部更新。

洗涤过的蛋壳上还有很多细菌，因此必须进行消毒。常见的蛋壳消毒方法有 3 种：

1）漂白粉液消毒：用于蛋壳消毒的漂白粉溶液有效氯含量为 800～1000 毫克/千克。使用时将该溶液加热至 32℃ 左右，至少要高于蛋温 20℃，然后将洗涤后的蛋在该溶液中浸泡 5 分钟，或者采用喷淋方式进行消毒。消毒可使蛋壳上的细菌减少 99% 以上，其中肠道致病菌可完全被杀灭。

经漂白粉溶液消毒的蛋再用清水洗涤，除去蛋壳表面的余氯。

2）氢氧化钠消毒法：通常用 0.4% 的氢氧化钠溶液浸泡洗涤后的蛋 5 分钟。

3）热水消毒法：热水消毒法是将清洗后的蛋在 78～80℃ 热水中浸泡 6～8 分钟，杀菌效果良好。但此法水温和杀菌时间稍有不当，则易发生蛋白凝固。

经消毒后的蛋用温水清洗，然后迅速晾干。常采用电风扇吹干和烘干道烘干两种方法。

（3）打蛋 打蛋方法可分为机械打蛋和人工打蛋。打蛋时，将蛋打破后，剥开蛋壳使液蛋流入分蛋器或分蛋杯内将蛋白和蛋黄分开。

（4）液蛋的混合与过滤 目前，液蛋的过滤多使用压送式过滤机，由于液蛋在混合、过滤前后均需要冷却，而冷却会使蛋白与蛋黄因比重差呈不均匀分布，故必须通过均质机或胶体磨，或者添加食用乳化剂使其能混合均匀。

（5）液蛋的预冷 经搅拌过滤的液蛋应及时进行预冷，以防止液蛋中微生物生长繁殖。预冷在预冷罐中进行。预冷罐内装有蛇形管，管内有冷媒（-8℃ 的氯化钙水溶液），液蛋在罐内冷却至 4℃ 左右即可。如不进行巴氏杀菌时，可直接包装为成品。

（6）杀菌 原料蛋在洗蛋、打蛋、去壳及液蛋混合、过滤等处理过程中，均可能受微生物的污染，而且蛋经打蛋、去壳后即失去了部分防御体系。因此，生液蛋必须经杀菌。

液蛋中蛋白极易受热变性，并发生凝固，要选择比较适宜的液蛋巴氏杀菌条件。全液蛋、蛋白液、蛋黄液和添加糖、盐的液蛋之间的化学组成不同，干物质含量不一样，对热的抵抗力也有差异。因此，采用的巴氏杀菌条件各异。

1）全蛋的巴氏杀菌。全液蛋有经搅拌均匀的和不经搅拌的普通全液蛋，也有加糖、盐等添加剂的特殊用途的全液蛋，其巴氏杀菌条件各不相同。我国一般采用全液蛋杀菌温度为64.5℃、保持3分钟的低温巴氏杀菌法。

2）蛋黄的巴氏杀菌。液蛋中主要的病原菌是沙门氏菌，该菌在蛋黄中的热抗性比在蛋清、全液蛋中高。因此，蛋黄液的巴氏杀菌温度要比蛋白液和全蛋液稍高。例如，美国蛋白液杀菌温度56.7℃，时间1.75分钟；而蛋黄液杀菌温度60℃，时间3.1分钟。

3）蛋清的巴氏杀菌。蛋清中的蛋白质更容易受热变性。添加乳酸和硫酸铝（pH为7）可以大大提高蛋清的热稳定性，从而可以对蛋清采用与全液蛋一致的巴氏杀菌条件（60～61.7℃，3.5～4.0分钟），提高巴氏杀菌效果。

加工时首先制备乳酸—硫酸铝溶液。将14克硫酸铝溶解在16千克25%的乳酸中，巴氏杀菌前，在1000千克蛋清液中加约6.54克该溶液。添加时要缓慢但要迅速搅拌，以避免局部高浓度酸或铝离子使蛋白质沉淀。添加后蛋清pH应为6.0～7.0，然后进入巴氏杀菌器杀菌。

在加热前对蛋清进行真空处理，可以除去蛋清中的空气，增加液蛋内微生物对热处理的敏感性，使之在低温下加热可以得到同样的杀菌效果。一般真空度为5100～6000帕，然后加热蛋清至56.7℃，保持3.5分钟。

（7）液蛋的冷却　杀菌之后的液蛋必须迅速冷却。如果本厂使用，可冷却至15℃左右；若以冷却蛋或冷冻蛋出售，则必须迅速冷却至2℃左右，然后再充填至适当容器中。根据FAO/WHO的建议，液蛋在杀菌后急速冷却至5℃时，可以储藏24小时；若迅速冷却至7℃，则仅能储藏8小时。

若生产加盐或加糖液蛋，则在充填前先将液蛋移入搅拌器中，再加入一定量食盐（一般为10%左右）或砂糖（10%~50%）。液蛋容易起泡，加入食盐或砂糖后搅拌，使用真空搅拌器为宜。欧美各国有在液蛋中加甘油或丙二醇以维持其乳化力，并加入安息香酸（苯甲酸）等防腐剂的做法。加盐或糖尽可能在杀菌前，以避免制品再次污染，但加盐或糖会使液蛋黏度升高，使杀菌操作困难。

（8）液蛋的充填、包装及输送 液蛋包装通常用12.5~20.0千克装的方形或圆形马口铁罐，其内壁镀锌或衬聚乙烯袋。空罐在充填前必须水洗、干燥。若衬聚乙烯袋，则充入液蛋后应先封口再加罐盖。为了方便零用，目前出现了塑料袋包装或纸板包装，一般为2~4千克。

欧美各国的液蛋加工厂多使用液蛋车或大型货柜运送液蛋。液蛋车备有冷却槽或保温槽，其内可以隔成小槽，以便能同时运送液蛋白、液蛋黄及全液蛋。液蛋车槽可以保护液蛋最低温度为0~2℃，一般运送液蛋的温度应在12.2℃以下，长途运送则应在4℃以下。使用的液蛋冷却或保温槽每天均需要清洗、杀菌1次，以防止微生物污染和繁殖。

四 其他蛋中高附加值生物活性物质的开发

山鸡蛋中含有很多生物活性成分，如溶菌酶、卵磷脂、蛋黄油、特异性抗体因子、活性钙、胶原蛋白等。这些成分可以作为医药工业原料、第三代保健食品的原料及功能因子。近几年，许多新技术如超临界流体萃取技术、酶技术、超微粉碎技术等在国外得到了广泛的应用，更多含有各种天然生物活性成分的、高附加值的禽蛋加工产品已进入人们的日常生活，在医药、临床医疗、营养、化工、生物、美容等领域发展的空间很大。采用发酵工程技术加工生产肽饮料；生产具有独特风味的休闲食品——铁蛋、加碘蛋、鱼油蛋、浓缩液蛋、冰蛋等系列产品、低胆固醇液蛋、鸡蛋蛋白多肽产品等。更为重要的是，目前利用分子生物学的转基因技术生产功能性产品，在国际上受到极大的关注和重视。这类技术的成熟也将带来巨大的经济效益和社会效益。例如，山鸡蛋里还能提取出护肤品和减肥药的蛋白等。又如，"蛋黄精"是从蛋中抽取的精油，具有蛋黄的成分、色泽、香气和营养，呈油状，装入胶丸，其胆固醇只有鲜鸡蛋的1/30，被列为健康食品，每天吃3颗胶丸就等于3枚蛋黄的营养。因此，需要重视蛋中高附加值天然活性物质高效提取与产品开发关键技术，推进产业化进程。

五 蛋副产物的综合利用

在蛋加工过程中，仅仅利用了其可食部分（蛋清和蛋黄），而大量的蛋壳和蛋壳内膜被扔弃，其质量占到鸡蛋质量的11%~13%，既污染环境，又浪费资源。如果能将废弃的蛋壳和蛋壳内膜收集起来加以综合利用，不仅能提高资源利用率和避免环境污染，而且可大大提高经济效益。对于蛋壳膜的利用，日本一直处于国际领先地位。日本在1988年和1993年分别开发的两种制造蛋膜纸的方法，可以清除水中放射性元素和减少森林伐木。在食品领域，日本丘比株式会社以蛋壳膜为原料生产出可应用到食品中的蛋壳膜粉，又利用此种蛋壳膜粉，开发了一系列液态和固态的调味品。通过多年的研究，我国在蛋壳膜的利用上已从简单的直接利用转为提取其中重要的生物活性成分，而且其中不乏高附加值的产品。例如，对于蛋壳膜中胶原蛋白、唾液酸和透明质酸等成分的提取工艺已经逐步成熟，未来肯定会走上产业化的道路，应用到更广泛的领域，使蛋中的废弃成分得到充分利用。

第四节　皮毛的制作和利用

一 羽毛的采集与加工

1. 羽毛的采集与分类

山鸡羽毛可分为活体拔毛和死体拔毛。活体拔毛为干拔，采集下来的羽毛质量佳。山鸡屠宰后拔毛为湿拔，采集下来的羽毛含水量大，采后要及时晾干。因山鸡羽毛的品质、颜色和用途各有不同，在采集时应特别注意不能混杂，并将同一颜色的羽毛分别保存。

2. 羽毛的晾晒

晾晒前保证羽毛的洁净，清除羽毛上可能混有的脚壳、内脏、粪便等杂物。在避风、阳光充足和干净的地方晾晒；如遇阴雨天，可在室内摊开晾干。晾晒时避免混杂，颜色和种类要分开。晒干后的羽毛应存放在干燥库房内，避免潮湿、腐烂和虫蛀，定期进行检测，如有发霉和特殊气味应重新晾晒。

3. 羽毛的加工方法

(1) 风选 将羽毛分批倒入选毛机内，开动鼓风机，使羽毛在箱内飞舞，片毛、绒毛、灰沙和脚皮等杂物的比重不同，分别落入承受箱内，然后分别收集整理。为保证质量，风箱内的风速要保持均匀一致，将选出的羽毛装入大包送入拣毛间。如果羽毛产量少，可人工挑选。

(2) 拣净 风选后的羽毛，要再次拣去毛梗和杂毛，并抽样检查，看其含灰量及含绒量等是否合乎规定标准。

(3) 并堆 对拣净后的羽毛，根据品质进行调整与并堆，使含绒量达到成品标准。

(4) 包装 并堆后的羽毛，经过采样复检合乎标准后，即可倒入打包机内进行打包，缝好包头，编号、过称即为成品。

二 山鸡标本的制作

1. 材料的选择

制作山鸡标本时，要求选体型标准、无残疾、羽毛完整、尾羽长而无缺陷、羽色鲜艳而美丽的山鸡。在剥制山鸡标本之前，应先绘制出山鸡形态的草图，并测量其体长、颈长、颈粗、腿长、尾长、胸围等，以备剥制标本时参考。

2. 剥皮

(1) 躯干部的剥皮 把死亡的山鸡仰放在铺有塑料布的桌面

上，沿胸腹龙骨突起中线将其羽毛向左右两侧分开，皮肤露出，用解剖刀从山鸡的胸部开始沿龙骨突起中线向肛门的方向把皮肤切开，直至距肛门前 1 ~ 1.5 厘米处。接着再分别向身体的两侧，即两肋部剥皮。此部位的皮肤比较容易剥离，可不用刀，用手指将皮与肌肉之间的皮膜分开即可，直至剥到脊背处。为防止手指打滑及油污、血水污染羽毛，可一边剥皮，一边向皮的内侧撒些滑石粉，用量可根据皮层内侧脂肪和流出血液的多少而定。值得注意的是，剥皮前应将山鸡的肛门和口腔用棉球堵住，以防止口涎、粪便、血液、内脏等污物污染羽毛。同时，剥离胸腹部的皮肤时，一定不要碰坏胸腹部的肌肉，以保证皮内侧不残留脂肪和肌肉。

（2）**颈肩部的剥皮**　剥完躯干部的皮后，可向山鸡的颈肩部剥皮。剥完颈肩部的皮后，用剪刀剪断翅膀根部和颈部的骨肉和筋腱。为便于操作，可将连着胸体的颈部挂在铁钩上，使整个山鸡的躯体悬起，并沿着山鸡的背部和腰部向两腿的方向剥皮。

（3）**两腿的剥皮和剔肉**　剥山鸡腿部时，一手握住大腿的肌肉，一手做筒状剥皮，当剥到胫关节时停住。用剪刀将大腿与小腿间的关节剪断，剔净大腿和小腿骨上的肌肉，剪掉筋腱。

（4）**尾部的剥皮与剔肉**　剥尾部的皮时要十分小心。当剥到尾座时，应用剪刀横向剪断尾椎，不可硬剥，使山鸡的毛片与其胴体完全分离，并将尾部的肌肉和尾脂腺等剔净。剥下来的胴体分别测其长、宽、胸围、颈长、颈围等，以便制作标本时参考。

（5）**头颈部的剥皮**　山鸡的头颈部多做筒状剥皮。用手握住山鸡的喙峰和头部，连同颈部的毛皮从外向里慢慢地翻推，最后剥离头部。在与鸡身连接处剪断脖子，一手握住已脱离了皮肤的颈部，一手将颈部由皮肤内向外拉，使头部外翻。剥到头部时，因体积大增，必须小心，防止皮肤破裂。剥到耳孔处，用右手拇指和食指在紧贴头部处捏住耳道，使之与头骨分离。剥至眼部，沿眼四周轻轻剪开，不要剪破眼睑，直至剥到嘴基。剔净头骨上的肌肉，并把紧靠枕骨大孔处的颈椎横向切断，彻底除净头骨壳中的脑髓。再用弯型镊和解剖刀将眼球剔除。

（6）翅膀的剥皮与剔肉 剥翅膀时应从肱骨开始，向指骨的方向做筒状剥皮。山鸡翅膀的次级飞羽牢固地着生在尺骨上，剥皮时要紧贴尺骨用解剖刀尖轻轻地将皮剥下来。剥皮时切勿弄掉初级和次级飞羽，将骨上的肌肉剔净。

3. 山鸡毛皮去污、消毒

山鸡的毛皮剥完后，如果发现其毛皮上沾有油污、血迹、粪便等，用酒精棉球擦洗。消毒也用同样的方法，用酒精棉球顺着山鸡的羽毛长势反复擦拭。山鸡毛皮的防腐、防虫是非常重要的工作。用明矾、樟脑或 10% 硫酸铜溶液消毒 3 次后，再用杀虫剂撒于皮张的内侧可起到防腐和杀虫的作用。

4. 制作骨架

用 14 号铁丝从头部到尾部串联，两根铁丝穿入翅膀中固定，腿部铁丝从跗跖部穿出足底，然后用扎丝在铁丝交合处扎紧固定好。

5. 填装缝合

用竹丝或棉花等续充材料将山鸡皮张内填充饱满，然后用针线缝合，同时安上义眼。

6. 整理形状

根据标本的制作目的，将山鸡标本做成金鸡独立、展翅欲飞、悠闲散步等各种形态。

7. 固定

用纱布或长形条状纸巾将标本裹紧定型，在除羽毛外的地方涂上防腐液，放于干燥通风处。半个月后将纸巾拆除，最后将标本固定在根雕上。

附 录
山鸡高效养殖实例

上海红艳山鸡孵化专业合作社鸡白痢的筛选和综合防治技术

上海是我国主要的山鸡产区，上海红艳山鸡孵化专业合作社是一家专业从事山鸡养殖、良种繁育与商品销售的国家级示范社，现有 2 个标准化基地场、2 个规模化养殖场和 15 户社员，带动农户 220 余户。多年来，合作社以"基地 + 农户"的模式，坚持服务宗旨，以市场为导向、以技术为核心、以基地为支撑、以"申鸿"为品牌，通过组建完善的生产服务体系、技术保障体系和产品营销体系，采用现代化设施设备和多层立体笼养、人工授精等先进技术，常年饲养各代次种山鸡 7 万余套，实现产值逾 2000 万元，产品远销国内 20 余个省、市、自治区。

鸡白痢病是由白痢沙门氏菌引起的严重危害种鸡生产和苗雏健康的传染病，发病率较高，一旦发病，将导致大批死亡，随着规模化山鸡养殖场的发展，山鸡白痢的发病呈现不断上升的趋势，给山鸡养殖业的发展造成一定的影响。到目前为止，我国还没有有效疫苗来预防鸡白痢，主要的防治措施为检测并淘汰阳性鸡，并结合综合防治措施，在一定程度上防治本病的流行。

一 山鸡白痢全血平板凝集检测技术

1. 操作步骤

取一个长方形干净的玻璃板（标记号），将抗原充分振荡后，用移液器吸取 30 微升鸡白痢抗原滴在玻璃板标记的区域内，用针头挑破被检测山鸡的翅膀上的静脉血管，用移液器吸取 30 微升血液，然后与抗原充分混合，涂抹成 1.5~2.0 厘米的圆形混合液，晃动玻璃板，在室温或放置在酒精灯下，2 分钟内观察结果。

2. 山鸡白痢全血平板凝集检测判定标准

阳性反应（＋），是指出现明显的颗粒或是块状凝集；阴性反应（－），是指不出现凝集，或者呈现均匀一致的微细颗粒，边缘由于干涸形成细絮状物也是阴性反应；疑似反应（±），是指不容易辨别是阴性反应还是阳性反应。

2015 年，上海红艳孵化专业合作社按照鸡白痢病检测操作规程对 10850 只临开产原种山鸡进行了一次鸡白痢的全群普查，并为上海周边山鸡养殖单位和养殖户检测 20000 只左右。在被检血样中，筛选出 21 份阳性样品，阳性率为 0.19％。根据检测结果，已立即全部淘汰了阳性检测结果的种山鸡，降低了上海周边山鸡养殖单位（户）暴发山鸡白痢病，起到了较好的防护作用，增加了经济效益。

二 综合防治技术

1. 生物安全防控技术

（1）隔离防控 隔离是阻断病原通过各种途径侵入集群的有效措施，可以阻断养殖场与外界其他养殖场，以及同一养殖场内不同防疫区之间和同一防疫区不同批次鸡群之间病原的流通。

（2）种雏、种蛋、种鸡引种的控制 引种的种鸡和种雏应该进行单独隔离并观察 30 天以上，经检测呈阴性后，才可以放入场区饲养。种蛋应该严格按照孵化场的要求进行消毒，一般采用福尔马林熏蒸 30 分钟即可。

（3）消毒 除了上述种蛋要消毒外，孵化厅、孵化器和孵化用具等都需要消毒。种蛋在入孵化器前1周内，需要使用1%新洁尔灭浸蛋5分钟，晾干。人员和车辆进入场区必须通过消毒池进行消毒，消毒液每3天需要更换1次。种鸡场要加强环境管理，每天及时清扫鸡舍内外卫生，鸡舍空出后，应该立即将鸡舍和设备使用2%～3%氢氧化钠溶液消毒，次日用清水冲洗干净，然后再用0.3%过氧乙酸进行消毒，次日再用清水冲洗干净，3天后，密闭鸡舍，使用高锰酸钾和甲醛熏蒸，72小时后开窗通风。鸡舍日常消毒可以采用百毒杀每周2次喷雾消毒，但在免疫前后3天停止。

（4）**饲料质量的控制和饮水卫生** 保证饲料、饮水的安全和卫生，定期对饲料和饮水进行质量检测。

2. 加强饲养管理

饲养管理不当也可引起鸡白痢的发生和流行，如鸡群密度大、舍内湿度大、饲养环境卫生差、通风不良和饲料营养不全等。育雏期间，要保证鸡舍温度、湿度、通风和光照等各环节符合要求。

3. 雏鸡群竞争性排斥技术

雏鸡群竞争性排斥技术是指以检测阳性鸡隔离淘汰为基础，后代仔鸡1日龄采用微生态饮水，以生物竞争排斥的理论对雏鸡沙门氏菌起到抑制作用，从而达到预防雏鸡鸡白痢的目的。这种方法不仅可以对净化后的种鸡后代起到预防作用，而且对未净化后的种鸡后代也可以起到预防作用。

参 考 文 献

[1] 陈伟生. 畜禽遗传资源调查手册 [M]. 北京：中国农业出版社, 2005.

[2] 葛明玉, 赵伟刚, 陈秀敏, 等. 山鸡高效养殖技术 [M]. 北京：化学工业出版社, 2010.

[3] 唐辉. 蛋鸡饲养手册 [M]. 2 版. 北京：中国农业大学出版社, 2007.

[4] 廉爱玲, 张帆. 种禽饲养技术与管理 [M]. 北京：中国农业大学出版社, 2003.

[5] 刘建胜. 家禽营养与饲料配制 [M]. 北京：中国农业大学出版社, 2003.

[6] 乔立英. 雉鸡育雏期的饲养管理技术 [J]. 中国畜禽种业, 2015 (8)：138-139.

[7] 配合饲料讲座编纂委员会. 配合饲料讲座 [M]. 刘丙吉, 译. 北京：农业出版社, 1988.

[8] 沈富林. 特种禽类饲养技术培训教材 [M]. 北京：中国农业科学技术出版社, 2013.

[9] 熊家军, 许青荣, 李志华, 等. 美国七彩山鸡养殖技术 [M]. 武汉：湖北科学技术出版社, 2006.

[10] 杨怡珠. 特种经济动物雉鸡养殖技术要点 [J]. 畜牧兽医杂志, 2010, 29 (3)：87-91.

[11] 杨福合, 唐良美, 魏海军, 等. 中国畜禽遗传资源志——特种畜禽志 [M]. 北京：中国农业出版社, 2012.

[12] 赵明安. 雉鸡常见传染病的防治 [J]. 新农村, 2015 (1)：29-30.